建筑百科大世界丛书

建筑趣话

谢宇　主编

花山文艺出版社

河北·石家庄

图书在版编目（CIP）数据

建筑趣话 / 谢宇主编. -- 石家庄 ：花山文艺出版
社，2013.4（2022.3重印）
（建筑百科大世界丛书）
ISBN 978-7-5511-0878-2

Ⅰ.①建… Ⅱ.①谢… Ⅲ.①建筑史－世界－青年读
物②建筑史－世界－少年读物 Ⅳ.①TU-091

中国版本图书馆CIP数据核字(2013)第080227号

丛 书 名：建筑百科大世界丛书
书　　名：建筑趣话
主　　编：谢　宇
责任编辑：梁东方
封面设计：慧敏书装
美术编辑：胡彤亮
出版发行：花山文艺出版社（邮政编码：050061）
　　　　　（河北省石家庄市友谊北大街 330号）
销售热线：0311-88643221
传　　真：0311-88643234
印　　刷：北京一鑫印务有限责任公司
经　　销：新华书店
开　　本：880×1230　1/16
印　　张：9.5
字　　数：144千字
版　　次：2013年5月第1版
　　　　　2022年3月第2次印刷
书　　号：ISBN 978-7-5511-0878-2
定　　价：38.00元

编 委 会 名 单

前 言

  建筑是指人们用土、石、木、玻璃、钢等一切可以利用的材料，经过建造者的设计和构思，精心建造的构筑物。建筑的目的是获得建筑所形成的能够供人们居住的"空间"，建筑被称作"凝固的音乐""石头史书"。

  在漫长的历史长河中留存下来的建筑不仅具有一种古典美，而且其独特的面貌和特征更让人遥想其曾经的功用和辉煌。不同时期、不同地域的建筑各具特色，我国的古代建筑种类繁多，如宫殿、陵园、寺院、宫观、园林、桥梁、塔刹等；现代建筑则以钢筋混凝土结构为主，并且具有色彩明快、结构简洁、科技含量高等特点。

  建筑不仅给了我们生活、居住的空间，还带给了我们美的享受。在对古代建筑进行全面了解的过程中，你还将感受古人的智慧，领略古人的创举。

  "建筑百科大世界丛书"分为《宫殿建筑》《楼阁建筑》《民居建筑》《陵墓建筑》《园林建筑》《桥梁建筑》《现代建筑》《建筑趣话》八本。丛书分门别类地对不同时期的不同建筑形式做了详细介绍，比如统一六国的秦始皇所居住的宫殿咸阳宫、隋朝匠人李春设计的赵州桥、古代帝王为自己驾崩后修建的"地下王宫"等，内容丰富，涵盖面广，语言简洁，并且还穿插有大量生动有趣的"小故事"版块，新颖别致。书中的图片都是经过精心筛选的，可以让读者近距离地感受建筑的形态及其所展现出来的魅力。打开书本，展现在你眼前的将是一个神奇与美妙并存的建筑王国！

  丛书融科学性、知识性和趣味性于一体，不仅能让读者学到更多的知识，还能培养他们对建筑这门学科的兴趣和认真思考的能力。

丛书编委会
2013年4月

目 录

生动有趣的建筑趣话

　　建筑是人们用土、石、木、钢、玻璃、芦苇、塑料、冰块等一切可以利用的材料建造的构筑物。建筑的本身不是目的，建筑的目的是获得建筑所形成的"空间"。建好的房子、大厦可以供人们居住、办公，建好的桥梁能便利人们的生活，佛寺、园林可以供人们参观、游玩……古老的建筑不仅具有重要的历史价值，还融合了当时的时代特点，具有鲜明的文化特征。

　　我国建筑历史悠久，各式建筑不仅融汇了历代建筑师们的智慧与心血，还富含深厚的文化底蕴。同时，伴随建筑而生的还有很多趣事，就让我们一起来了解一下吧！

北京电报大楼的钟声

电报大楼在首都人民的心中占据着很重要的位置。首先是因为它与人们的生活密切相关，其次是因为它宏伟的建筑外形。此外，还有一个更重要的原因，那就是每当整点便回荡在长安街的钟声。20世纪五六十年代，城市的噪音还很小，清脆的钟声可以传得很远、很远。早上7点，伴着这钟声，北京人走出家门，奔赴各自的工作岗位；晚上10点，还是这钟声，又伴着北京人进入梦乡。特别是居住在西单附近的居民，早已把电报大楼的钟声看成是自己生活中的一部分。据说，电报大楼维修的日子，钟声停响了几天，结果附近的居民竟觉得生活中缺少了什么，有的人甚至因为没有听到钟声而导致上班迟到。

电报大楼启用初期，塔钟每天24小时整点不间断报时，悦耳的钟声方圆近2500米的人都能听到。1个月后，根据国务院总理周恩来的指示，改为每天晚上10时后至次日早晨7时前停止打响报时。据说，那是周总理关心老百姓生活，怕夜间巨大的报时声影响居民休息。

1966年，原北京长途电信局对前奏曲进行再创造，请北京中央乐团施万春、中央音乐学院鲍蕙荞演奏钢琴式钢片琴，中央广播乐团民族乐队演奏打击式钢片琴，混声录制《东方红》前奏曲，并规定每天晨7时第一次报时播放前奏曲全曲，其他时间仅播放前奏曲前几小节，这项规定一直延续到今天。

故宫角楼的传说

故宫有四个城角，每一个角上有一座九梁十八柱七十二条脊的角楼，非常漂亮。这四座角楼是怎么建的呢？北京流传着这样一个传说。

明朝的燕王朱棣在南京做了永乐皇帝以后，因为北

京是他做王爷时候的老地方，就想迁都北京，于是就派了亲信大臣到北京建皇宫。朱棣命令大臣："要在皇宫外墙——紫禁城的四个犄角上，建四座造型别致的角楼，每座角楼要有九梁十八柱、七十二条脊。"管工大臣领了皇帝的谕旨后，心里非常发愁，不知如何建这九梁十八柱、七十二条脊的角楼。

管工大臣到了北京以后，就把八十一家大包工木厂的工头、木匠们都叫来，跟他们说了皇帝的旨意，限期三个月，叫他们一定要按期建成这四座怪样子的角楼，并且说："如果建不成，皇帝自然要杀我的头，可是在没杀我的头之前，我就先把你们的头砍了，所以当心你们的脑袋。"工头和木匠们对这样的工程都没把握，只好常常在一块琢磨法子。

三个月的期限很短，一转眼一个月过去了，工头和木匠们还没想出一点办法来，他们做了许多模型，都不合适。这时候，正赶上六七月的三伏天气，热得人都喘不上气来，加上心里烦闷，工头和木匠们真是坐也不合适，躺也不

合适。有这么一位木匠师傅，实在待不住了，就上街闲遛去了。

走着走着，听见老远传来一片蝈蝈的吵叫声，接着，又听见一声吆喝："买蝈蝈，听叫去，睡不着，解闷儿去！"走近一看，是一个老头儿挑着许多大大小小用秫秸编成的蝈蝈笼子，在沿街叫卖。其中有一个细秫秸棍插的蝈蝈笼子，精巧得跟画里的一座楼阁一样，里头装着几只蝈蝈，木匠师傅想："反正是烦心的事，该死的活不了，买个好看的笼子，看着也有趣儿。"于是就买下了。

这个木匠提着蝈蝈笼子，回到了工地。大伙儿一看就吵嚷起来了："人们心里都怪烦的，你怎么买一笼子蝈蝈来，诚心吵人是怎么着？"木匠笑着说："大家睡不着解个闷儿吧，你们瞧……"他原想说你们瞧这个笼子多么好看呀！可是他还没说出嘴来，就觉得这笼子有点特别。他急忙摆着手说："你们先别吵吵嚷嚷的，让我数数再说。"他把蝈蝈笼子的梁啊柱啊脊呀细细地数了一遍又一遍，大伙被他这一数，也吸引得留了神，静静地直着眼睛看着，一点声音也没有。

木匠数完了蝈蝈笼子，蹦起来一拍大腿说："这不正是九梁十八柱七十二条脊吗？"大伙一听都高兴了，这个接过笼子数数，那个也接过笼子数数，都说："真是九梁十八柱七十二条脊的楼阁啊！"大伙儿受这个笼子的启发，琢磨出了紫禁城角楼的样子，烫出纸浆做出模型，终于建成了留存至今的角楼。

莫愁女雕像

　　莫愁湖位于江苏省南京市水西门外桥西，名字来源于一个美丽的传说。莫愁是河南洛阳人，幼年丧母，与父亲相依为命。她性格文静，聪明好学，采桑、养蚕、纺织、刺绣样样拿手。邻居家的小孩念书，她听着记着，不但认识了不少字词，连诗文也能吟诵几句，莫愁还和父亲学了一手采药治病的本领。15岁那年，父亲在采药途中不幸坠崖身亡，莫愁因家境贫寒，只得卖身葬父。当时城里的卢员外在洛阳做生意，见莫愁纯朴美丽，很同情她，便帮助莫愁料理了爹爹的后事。从此，莫愁嫁进卢家，成了卢员外的儿媳。莫愁婚后和丈夫十分恩爱，第二年生下了一个白白胖胖的儿子，取名阿侯。虽然生活富裕，可莫愁时常想念家乡，怀念父亲，只有帮助穷人治病时才会露出开心的笑容。穷人们常说："我们有了病啊痛啊的，见了莫愁，就什么忧愁也没啦！"从此以后，"莫愁女"的名字就传开了。

　　卢员外曾在梁朝为官。一日，梁武帝闻报水西门外卢家庄园牡丹花开，便着便服来员外家赏花，只见牡丹花交错如锦，夺目如霞，梁武帝惊得如痴如醉，遂问员外："此花何人所栽？"卢员外跪答："此乃儿媳莫愁所栽。"梁武帝不禁怦然心动，当即令传莫愁见驾。梁武帝见到莫愁如花般的容貌，不由得神魂颠倒。回宫后，寝食难安，终于想出毒计，害死了卢公子，传旨选莫愁进宫为妃。莫

愁得知，悲愤交加，决心宁为玉碎，不为瓦全，投石城湖而亡。四周乡邻得知，纷纷来到湖边痛哭拜祭，怎么也不肯相信这么好的女子会投湖自尽。有人传说深夜听到莫愁的哭泣声，也有人说看到天上落下一只小船，载着莫愁悠悠远去……为了纪念她，人们将石城湖改名为"莫愁湖"。梁武帝闻讯，自感惭愧，于是写下了《河中水之歌》："河中之水向东流，洛阳女儿名莫愁。莫愁十三能织绮，十四采桑南陌头，十五嫁为卢家妇，十六生子名阿候。卢家兰室桂为梁，中有郁金苏合香，头上金钗十二行，足下丝履五文章，珊瑚桂镜难生光，平头奴子擎履箱。人生富贵何所望，恨不早嫁东家王。"并在她的故居郁金堂侧赏荷厅的莲花池内，塑起了一尊2米高的汉白玉雕像，现为南京标志性景点之一。

真武阁

关于真武阁，曾经有一个传说。古时候，人们非常迷信。因为他们住的地方比较干燥，所以，稍不留神就会引起火灾，甚至还会造成严重的损失。由于多次起火，人们就开始怀疑是上天的火神与他们过不去。于是就修筑了真武阁赈灾，真武阁至今仍保留在容县。

真武阁因为独处西南，远离文化中心，在流传下来的诗词中很少有吟唱，所以一直默默无闻，当时设计的工匠更没有名字记载。人们无法相信这么雄伟而独特的木结构建筑是人力所能建造起来的，于是关于鲁班仙师一夜造阁的故事和民谣，在当地传播开来："容县有座真武阁，柱脚悬空永不落，相传圣手鲁班造，一夜工夫众人作。"传说当年那位匠师接受了建造真武阁的任务，却很长时间都没有招工备料，以致人们都怀疑他是个骗子。终于有一天，他到处给人送槟榔，请人们于某月某日来帮忙

造阁。那天晚上，突然雷鸣电闪，风雨交加，次日早上雨过天晴，阳光灿烂，人们惊奇地发现，古经略台上巍然屹立起一座雄伟壮丽的高阁，更令人惊奇的是，阁上二楼的四根柱脚竟然都不着地！而答应过帮忙建阁的人，那天早上一觉醒来，都感到精疲力竭，腰酸背痛，好像干了一夜重活似的，人们都认为那位工匠就是鲁班仙师，他巧借众人之力，一夜之间就完成了这件千古杰作。

甲秀楼

相传明朝年间，贵阳这个地方出了一位状元。官府为了讨好他，愿出巨资修一座藏书楼，作为他读书游艺的地方。为此，知府大人请了三位风水先生，在全城察看了一番之后，认为南明桥那里是块风水宝地，回来向知府大人禀报，便决定将藏书楼修在南明桥上，并且取名"甲秀楼"。地点确定后，知府大人又请来了本地最有名的一位石匠和二位木匠，带着他们来到南明桥上察看了一遍，便下令选个黄道吉日动工修建。

知府走后，石匠师傅打了一壶酒，把木匠师傅请到家里，两个人喝了三盅之后，石匠叹了口气对木匠说："兄弟，知府大人下令造楼，哪个敢违抗。只是这南明河上，眼下就只有这一座桥贯通南北，桥上要是再修了藏书楼，这桥就成了状元公的地盘，交通要道不就成了一块禁地吗？日后还有谁敢从桥上过啊？有钱的倒可以坐船摆渡，没钱的就只好望河兴叹了。尤其是那些进城卖菜的、推车挑担的，就更不方便了。"

木匠说："大哥说得有道理，这南明桥确实是个交通要道；只是知府大人已经画好了圈圈，你我兄弟二人又怎敢不照办呢？"石匠说："顾不得知府大人了。我们还是得替百姓着想，不然，日后你我世世代代都要

背骂名。" 木匠说："听大哥的意思，这藏书楼不修了？" 石匠说："当然要修，只是换个地方就是了。" 木匠问："换在哪里？" 石匠说："沿河下去一百二十步，就是个好地方。"木匠觉得这主意好，决定就这么办。

当天晚上，贵阳城内阴云密布，瓢泼大雨下个不停。这两位能工巧匠把自己的师兄师弟、徒子徒孙召集到南明河边，连夜拦河修桥，凿木造楼。远近的居户人家本来担心知府大人在南明桥上造藏书楼，断了日后过河的通路，现在听说两位匠人另选了一块地方造楼，一个个都冒着风雨赶来相助。那天晚上，也不知道有多少男女老少在河岸边担石挑土，架梁立柱，只能听到鼎沸的人声。等到东方发白，大雨停了的时候，一座精巧玲珑、雕梁画栋的楼阁就已经矗立在碧波荡漾的南明河新桥的鳌矶石上了。

当"甲秀楼"三个金光闪闪的大字出现在楼阁上之后，知府大人才闻讯来到南明河边。他见藏书楼没有建在南明桥上，十分恼怒，立刻传令叫两个匠人来回话。衙役们四处寻找，就是找不到那个石匠和木匠的踪影。知府大人没有办法，只好将这座九眼新桥上的藏书楼给状元公了。

后来人们才知道，这两位匠人因为害怕官府追究，造完楼后，就带着妻子儿女远走他乡了。所以直到今天，人们一直不知道修造甲秀楼的两位匠人的名字。

西安钟楼的故事

很久很久以前，西安不叫西安叫长安。可这初建的长安却不安宁，从城中心的一块地方不断地涌出水来，还不时淹毁道路、房屋，吞没人畜，大有把长安城变成一片汪洋的势头。这时，正好观音菩萨路过这里，她不忍看到长安城被毁，便托梦给城里的百姓说："有一条孽龙在地底下兴风作浪，要把长安变成海！大家只有齐心协力挖开海眼，囚住孽龙，并在上边建造一座钟楼把它镇住，长安城才能永保平安。"于是，城里的工匠百姓便挥动铁锄，顺着冒水处不停地挖下去，终于挖到了有十个井口大的海眼！从上边能听到下边海浪的咆哮声，但这并没有吓倒城中的勇士和铁匠，他们舞刀杖剑、带着钢环铁索垂入海眼，与孽龙搏斗，终于把孽龙用钢环铁索紧紧地捆缚在了一根镇海铁柱上了！勇士和铁匠们大喜，正要攀绳而上，孽龙开口说话了："凡人百姓，尔等乐得太早了些！今日我是被云头上的菩萨用净瓶罩软了筋骨，方被你们所败，锁在菩萨抛下的这根绣花针上，但菩萨终究是要回南海的，净瓶是她从不离手的心爱珍宝，她是决不会割舍的！到

那时，哼！……"人们不理会孽龙的恐吓，上岸后按菩萨梦中教的办法，用半尺厚的钢板封了海眼口，并动工在上面建起了一座高33米余的钟楼。

钟楼建起后，玻璃匠人献出了他们有生以来烧制的最大玻璃宝葫芦做钟楼的顶子。可是，当人们顺着斜桥把十人合抱不拢的大宝葫芦缓缓移上钟楼顶座、安放停当时，钟楼突然摇

晃起来，玻璃顶被摔到地上，跌得粉碎！这还不算，钟楼越抖动越厉害，大有倒塌的势头！孽龙的恐吓将变成现实，长安城又面临着被淹没的危险！人们千方百计地加固钟楼，但都无济于事，这时，身在南海的观音菩萨被长安百姓坚持不懈的精神所感动，驾云来到长安上空，在孽龙即将翻倒钟楼的一瞬间，毫不犹豫地倒掷下她心爱的净瓶，那宝瓶准确地倒扣在钟楼的顶座上，变成了金光闪闪的金顶，钟楼顿时风雨不动稳如泰山了，孽龙也从此被镇在钟楼底下不得作恶！

多年以后，钟楼金顶历经风霜雨雪的磨炼、吸取日月星辰之精华，变得更加光彩夺目了。清晨，她沐浴在彩霞之中，伴着催人黎明即起的晨钟，目送着从长安东、西市起程的驮满丝绸的驼队、马帮，出安远门、经路旁土墩上立着的"西去安西九千九百里"记程石碑，西去阳关到安息。钟楼金顶在夜间还熠熠放光，每逢重大节庆的夜晚，它如同一个金灿灿的小太阳，光芒四射，照得方圆500米内如同白昼。更奇怪的是，如遇国泰民安、风调雨顺的吉祥年月，它就日日夜夜的发亮放光，仿佛它也高兴得与民同乐似的。遇到灾凶年月，它就黯然失色，像一只绿锈斑斑的古铜瓶。长安城乡里乡外的百姓们都把它看作家乡的珍宝，并且以有此宝为荣。

打虎亭汉墓墓主人之谜

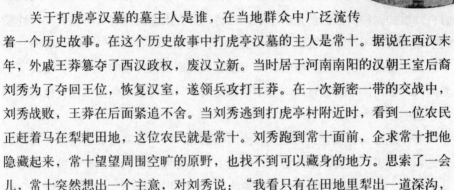

　　打虎亭汉墓的规模如此之大，墓主人究竟是谁，在历史传说故事和郦道元所著的《水经注》中有着不同的说法。

　　关于打虎亭汉墓的墓主人是谁，在当地群众中广泛流传着一个历史故事。在这个历史故事中打虎亭汉墓的主人是常十。据说在西汉末年，外戚王莽篡夺了西汉政权，废汉立新。当时居于河南南阳的汉朝王室后裔刘秀为了夺回王位，恢复汉室，遂领兵攻打王莽。在一次新密一带的交战中，刘秀战败，王莽在后面紧追不舍。当刘秀逃到打虎亭村附近时，看到一位农民正赶着马在犁耙田地，这位农民就是常十。刘秀跑到常十面前，企求常十把他隐藏起来，常十望望周围空旷的原野，也找不到可以藏身的地方。思索了一会儿，常十突然想出一个主意，对刘秀说："我看只有在田地里犁出一道深沟，把你轻轻掩埋起来，你才能逃过一难。"刘秀一时也想不出更好的办法，只好

答应。常十刚刚把刘秀掩埋好，王莽的追兵就赶到了，此时刘秀正在常十的马肚子下的田地里掩埋着。王莽的追兵问常十看到刘秀没有，常十回答说没有见到，他们向周围看了看，没有找到可以藏身的地方，就继续向前追赶。刘秀见追兵远去，就向另外一个方向逃去。追兵追了很久，

仍然看不到刘秀的踪影，就认为是常十骗了他们，回来就把常十抓走了。

经过多年的战争，刘秀终于打败了王莽，建立了东汉王朝，成了东汉王朝的开国皇帝。在刘秀即位前，他就得知常十为救他被王莽抓去的消息，心中明白常十肯定是凶多吉少。即位后，刘秀为了报答常十的救命之恩，除在打虎亭附近修建"报恩寺"作为纪念之外，还将打虎亭一带赐为埋葬常十及其家人与后代的家族墓地。

但在北魏时期地理学家郦道元看来，这个历史故事并不可信，他认为打虎亭汉墓西墓的墓主人是汉代弘农太守张伯雅，而东墓应该是张伯雅妻子的墓。

安金槐先生也认为，打虎亭汉墓的主人是弘农太守张伯雅夫妇的墓葬，对于当地传说的"常十家族墓"，他认为是因为"张"与"常"和"氏"与"十"的音相近，而当地群众又常把它们读混，所以当地就把打虎亭汉墓及其周围汉墓群的"张氏家族墓地"称为"常十家族墓地"了。

昭君墓的传说

昭君出塞后60年，是汉匈和睦相处的60年，也是包括呼和浩特地区在内的整个漠南和平发展的60年，出现了"牛马布野人民炽盛"的繁荣景象。饱经战乱之苦后享受了60年和平生活的汉匈各族人民，深深地爱戴着王昭君。民间传说，昭君原是天上的仙女，下嫁呼韩邪单于。她出塞时，和呼韩邪单于走到黑河边上，只见朔风怒吼，飞沙走石，人马不能前进。昭君款

款地弹起了她所带的琵琶，顿时狂风停止呼号，天上彩霞横空，祥云缭绕，地下冰雪消融，万物复苏。不一会儿，遍地长满了鲜嫩的青草，开满了绚丽的野花。远处的阴山变绿了，近处的黑水澄清了。还飞来了无数的百灵、布谷、喜鹊，在他们头顶上盘旋和歌唱。单于和

匈奴人民高兴极了，于是就在黑水河边定居下来。

后来，王昭君和单于走遍了阴山山麓和大漠南北。昭君走到哪里，哪里就水草丰美，人畜两旺。在缺水的地方，昭君用琵琶一划，地上就会出现一条玉带般的河流和片片绿茵茵的嫩草。昭君还从一个漂亮的锦囊里取出五谷种子，撒在地下，于是就长出了五谷杂粮。昭君去世时，远近的农牧民纷纷赶来送葬，他们用衣襟包上土，一包一包的垒起了昭君墓。传说昭君墓一日三变，"晨如锋，午如钟，酉如枞"。意思是说，昭君墓在早晨犹如一座山峰，中午犹如一座鼎钟，黄昏时犹如一棵鸡枞。

昭君墓被叫作"青冢"的原因

　　昭君墓是后人追慕和纪念王昭君的遗迹。坐落在内蒙古呼和浩特市南郊，是塞外影响最大的一座昭君墓，整体占地面积为6万多平方米，文献记载中也称为"青冢"。据民间传说，每到深秋时节，四野草木枯黄的时候，唯有昭君墓嫩黄黛绿，草青如茵。因此历代诗人常好用"谁家青冢年年青""到今冢上青草多""宿草青青没断碑"之类的诗句寓意。据说"呼和浩特"在蒙语里的意思为"青城"，就是因青冢而得名，而"青冢拥黛"也成为呼市八景之一。

寒山寺的传说

　　相传唐太宗贞观年间有两个年轻人，一个叫寒山，一个叫拾得，他们从小就是非常要好的朋友。长大后寒山的父母为他与家住青山湾的一位姑娘定了亲。然而，姑娘却早已与拾得互生爱意。

　　一个偶然的机会，寒山终于知道了事情的真相，心里顿时像打翻了五味瓶，酸、苦、辣、咸、涩，唯独没有一丝甜味。他左右为难，该怎么办呢？经过几天几夜痛苦的思考，寒山终于想通了，他决定成全拾得的婚事，自己则毅然离开家乡，独自去苏州出家修行了。

　　一晃半个月过去了，拾得没有看见过寒山，感到十分奇怪，因为这是从来没有出现过的情况。一天，他忍不住心头的思念，便信步来到寒山的家中，只见门上插有一封留给他的书信，拆开一看，原来是寒山劝他及早与姑娘结婚成家，并衷心祝福他俩美满幸福。拾得这才恍然大悟，知道了寒山出走的原委，心中很难受。深感对不起寒山，他思前想后，决定离开姑娘，动身前往苏州寻觅寒山，皈依佛门。时值夏天，在前往苏州的途中，拾得看到路旁池塘里盛开着一片红艳艳的美丽动人的荷花，多日来心中的烦闷被一扫而光，顿觉心旷神怡，就顺手采摘了一支带在身边，以图吉利。

经过千山万水，长途跋涉，拾得终于在苏州城外找到了他日夜思念的好朋友寒山，而手中的那支荷花依然那样鲜艳芬芳，光彩夺目。寒山见拾得到来，心里高兴极了，急忙用双手捧着盛有素斋的箧盒，迎接拾得，俩人会心地相视而笑。现在寒山寺存有一方碑石，上刻"和合二仙"图案，就是这两位好朋友久别重逢时的情景。过去苏州民俗中婚嫁用的人物图画挂轴，以及江南许多地方春节时贴在大门上的门神，内容都是他们两个人。

民间还传说，"和合二仙"为了点化迷惘的世人，才化身寒山、拾得来到人间的，甚至寺名也由"妙利普明塔院"更改成"寒山寺"。由于"和合"思想深得人心，加上张继诗句"姑苏城外寒山寺"广为流传，所以尽管后来在宋

朝时，曾将寺名重新改为"普明禅院"，但人们仍习惯称它为"寒山寺"。直到现在，寒山寺供奉的佛像仍是寒山、拾得，可见由他俩首倡的"和合"思想已成为中华民族传统文化中的重要组成部分。传说拾得后来还远渡重洋，来到"一衣带水"的东邻日本传道，在日本建立了"拾得寺"。

雷锋古塔千年地宫解密

　　在雷峰塔地宫的舍利函中沉睡了1000多年的珍贵文物，终于在世人面前揭开了它神秘的面纱。因为雷峰塔地宫舍利函内的文物已全部安全取出。

　　在浙江省博物馆山洞库房恒温恒湿的模拟环境下，在除锈之后，重达100多千克的铁函被考古人员小心翼翼地打开。考古人员随后对舍利函进行清淤，经过4个多小时的工作，依次从函中提取了金涂塔、方形铜镜、鎏金银盒、皮带和小蓝玻璃瓶等6件珍贵文物。

　　舍利函开启不久，一尊通高35厘米的鎏金银质金涂塔引起了考古人员的兴趣。这座塔的底座呈方形，边长为12.6厘米，在柔光下闪着熠熠银光。由于舍利函内曾经进水，故底座略带一些铁红色的水锈。方形塔身边长12厘米，四面饰有佛祖故事题材的浅浮雕。塔身上四角各有一根山花蕉叶，呈三角柱形矗立，各面上均有人物形象，记述着佛祖一生的传奇故事。塔身正中矗立着五重相轮，相轮上饰有忍冬、连珠等纹样，十分精美。

　　透过金涂塔塔身镂空处，还可以看到塔内放置着的一个金质容器。考古人员初步断定这应该就是金棺。根据出土的文物和文献分析，金棺内应是吴越王钱俶供奉的佛螺髻发无疑。浙江省文物考古所所长曹锦炎称，由于金棺是被完整地焊封在金涂塔塔身内的，出于对文物的保护，考古队将不打算打开金涂塔。他同时还说，这座纯银质的金涂塔不仅工艺精美，而且保存十分完好，在考古发现中十分罕见，当属国宝级文物。

在金涂塔的下方，是一个鎏金的银盒，高14厘米，口径为20厘米，因地宫早年渗水，盒内还残留有积水。盒盖上饰有繁缛纤细的双凤缠牡丹纹样，四周等距分布着"千秋万岁"四个楷体字。银盒旁绕着一根皮腰带，带扣保存十分完好。皮带的皮革虽然已经腐朽，但纹路痕迹却清晰可见，上面还镶嵌有12件十分精美的银质饰品。

在舍利函的底部，考古专家们还发现了丝织品的痕迹，丝织品的上方覆着一面直径约为20厘米的圆形方角的铜镜和一只鎏金的银台饰，铜镜的镜纽上还有丝带穿系。此外，考古人员还发现了一个葫芦状的蓝色玻璃瓶。

至此，雷峰塔地宫内的千年之谜已被全部解开。本次考古的相关负责人称，地宫出土的所有文物将被送到国家有关部门再次进行权威鉴定，并最终确定文物的存放地点。

文物专家称，雷峰塔地宫中发掘出的众多珍贵文物，对研究我国南方当时的经济社会文化、风土人情、对外交流等都具有十分重要的意义。

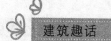

江南第一古塔

　　苏州报恩寺塔位于江苏省苏州市内北部偏西的报恩寺中，又称"北寺塔"。塔有9层，高约76米，占地866余平方米。该塔号称"吴中第一古刹"。1957年被列为江苏省文物保护单位。

　　报恩寺，俗称"北寺"，是苏州最古老的佛寺，距今已有1700多年的历史。始建于三国吴赤乌年间（238年～251），相传是孙权母亲吴太夫人舍宅而建，古称"通玄寺"。唐开元年间（713年～741）改为"开元寺"。五代北周显德年间（954年～959）重建，易名为"报恩寺"。

　　报恩寺塔是中国楼阁式佛塔，传始建于三国吴，南朝梁（502年～557）时建有11层塔，北宋焚；元丰年间（1078年～1085）重建为9层，南宋初建炎四年（1130）在宋金战中复毁；南宋绍兴二十三年（1153）改建成八面九层宝塔，现存北寺塔的砖结构塔身就是构筑于当时的原物。塔身的木构部分为清末重修，已不全是原貌。此塔曾刻入南宋绍定四年（1229）的《平江图》碑中。

　　寺南向，塔在大殿以北的中轴线上，为砖身木檐混合结构。砖构双层套筒塔身，在内、外塔壁之间为回廊，内壁之中为方形塔心室，经由2

或4条过道通向回廊，梯级设在回廊中。回廊地面为木楼板上铺砖，楼板由下层内、外壁伸出的叠涩砖支承。回廊、塔心室和过道均以砖砌出仿木结构的壁柱、斗拱或藻井。塔外各层塔身以砖柱分为3间，当心间设门，塔身以下为木结构平座回廊，绕以栏杆，栏杆柱升起承托塔身上的木檐，柱分每面为3间。底层之檐在重修时被接长为副阶。塔刹占全塔高度的1/5，底层副阶柱处的平面直径约为30米，外壁处的直径为17米。翘起甚高的屋角、瘦长的塔刹，使全塔在宏伟中又蕴含着秀逸的风姿。

花果山古塔千年不倒之谜

　　苏北地区建塔最早、塔高第一的海清寺阿育王塔，俗称"唐王塔"，雄浑凝重令人赞叹，而更令人惊叹的是它千年不倒的奇迹。

　　塔，原是南亚次大陆所建的一种坟。古天竺佛教徒将"释迦牟尼真身舍利、阿育王灵牙"等供奉在内。"阿育"是译音，意为"无忧无虑"。

　　花果山下的阿育王塔，是历史上由千人资建的宝塔，远看比山矮，近看比山高，有穿云之势。

　　海清寺塔相传为唐明尉迟恭所建。但据塔的第五层东南面砌的碑文记载，此塔始建于北宋天圣元年（1023），竣工于天圣九年（1032），距今已有近千年的历史。它是江苏北部现存历史最早、塔体最高的一座浮屠，与河北定县料敌塔不仅时代相当，而且结构相似，专家誉之为"南北二巨构"。

　　海清寺塔原建在千年古刹——海清寺正殿前。明朝《隆庆海州志》描述它："峻宇修廊、万山环拱、浮屠九级、矗兀层霄。"可以想见其当年的建筑规模和气势。旧日的海清寺早就无影无踪了，而海清寺塔却历经千年风雨，依旧耸立花果山，有人形容它："上观似从天而降，回彻清霄；下看似从地涌成，宝堂连海。"

　　从海清寺塔始建至1668年郯城大地震，644年间，未见其倒塌、损毁的记载，以后的历次大水、地震，它都安然无恙。直至今天，塔体中心仍未发现倾斜、砌砖坍落等现象，且塔体完整。海清寺塔为什么历经千年风雨而能岿然不动？利用现代遥感技术，这个谜底终于被揭开了。

　　海清寺塔位于云台山西麓，在两条小冲河的小分水岭之上。虽在坡上，但基址平缓。面上覆盖为第四纪地层，黏土加砾石，土质好，压缩性较小，下面是坚硬的弱风化花岗片麻岩。这就使塔基下的土层基础牢固，稳定性强。其表面土壤利于排除地表与地下水，不受地下水位升降的影响，因此地震时对地基的冲击力相应减小，破坏性也随之弱化。地基下花岗岩的岩石倾向正好和坡向相反，即使地震发生，此长彼消，也不会发生岩层移位和滑坡现象，保证了塔基的稳定。塔基更是独具匠心。据探测，塔基深挖约2米，在片麻岩地基上再平铺50~60厘米厚的砾石层，并灌有黄泥浆。上铺五层长方形的整块大条石，纵横交错，层层叠扣，逐渐上收为台阶状。经化验，是用石灰糯米浆作为灰浆，使塔基形成一个整体。据建筑专家介绍，这座阶梯式的台基分散了上部九层塔身的附加压力，从而保证了塔体的刚度，增加了上部塔体的抗震能力。

塔身的结构也是一个抗震的范例。塔为九级八面，高40.58米。正面向南，东西南北四面各辟一拱状门。塔为纯砖结构，塔身、心柱、内廊、梯级、腰檐等均为砖砌而成。塔二层以上各层的四面，均隐出直棂窗形。塔的底层是近涩式腰檐，二至八层均是平座叠涩式腰檐。且外壁内绕以走廊，中砌八边形塔心柱，内设砖砌梯级。第一层入口在西南首，第二层在南首，第三层在西北首，第四层在东北首。再往上，各级塔梯形成十字交叉，至九层无砖柱，无走廊，内部易为八边形砖室，上置八角形藻顶，再上层就是塔刹。

根据塔内的赈灾记载，海清寺塔的设计者与监督施工者均是"泗水成守元"，这是一位历史失载的伟大建筑学家，他对海清寺塔从选址到地基、塔身的设计施工，都采用了许多至今仍然可以借鉴的科学方法。

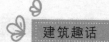

乐山大佛之谜

    1989年5月11日，广东省顺德县62岁的老人潘鸿忠正在兴致勃勃地游览乐山名胜。当他乘船返回时，偶然回首对岸古塔，此时天气晴好，他举起相机，拍了一张风景照。5月25日，返回家乡的潘老在朋友们的索要下，将照片拿出来欣赏，友人们赞赏不已。潘鸿忠也在一旁审视，当看到那张古塔风景照时，他突然感到照片中的山形恰如一健壮男子仰卧，细看头部，更是眉目传神。老人兴奋不已，示以众人，无不称奇。照片一传十，十传百，前前后后共有500多人观看，无不惊呼："此乃乐山巨佛！"

    从乐山河滨"福全门"处举目望去，清晰可见仰睡在青衣江畔的巨佛的魁

梧身躯。对映着湍流的河水，巨佛似乎在微微起伏。那形态逼真的佛头、佛身、佛足，分别由乌尤山、凌云山和龟城山三山连襟构成。仔细观察佛头，就是整座乌龙山，其山石、翠竹、亭阁、寺庙，加上山径与绿荫，分别呈现为巨佛的卷卷发鬓、饱满的前额、长长的睫毛、平直的鼻梁、微启的双唇、刚毅的下颌，看上去栩栩如生。

详视佛身，那是巍巍的凌云山，有九峰相连，宛如巨佛宽厚的胸脯，浑圆的腰脊，健美的腿胯。

远眺佛足，实际上是苍茫的龟城山的一部分，其山峰恰似巨佛翘起的脚板，好似顶天立地的擎天柱，显示着巨佛的无穷神力。

·纵观全佛和谐自然，匀称壮硕的身体，凝重肃穆的神态，眉目传神，慈祥安然，令人惊诧不已。全佛长达4000余米，堪称奇绝。

更令人称奇的是，那座天下闻名的乐山大佛雕，恰好耸立在巨佛的胸脯上。这尊世界上最高、最大的石刻坐佛，身高71米，安坐于巨佛前胸，正应了佛教所谓"心中有佛""心即是佛"的禅语，这是否为乐山大佛所暗示的天机呢？

乐山巨佛作为旅游景观是确定无疑了。那么，它是怎么形成的呢？这是留给世人的一谜。现在有一种推断：据《史记·河渠书》记载："蜀守冰凿离堆，辟沫水之害。""冰"即李冰，是都江堰的创建者，"离堆"就是乌尤山。也就是说，在2100多年前古人就凿开麻浩河，造就了巨佛的头。唐代僧人惠净为乌尤寺立下法规：任何人不得随意挪动和砍伐乌尤山的一草一木一石一树，代代僧众都视此为神圣不可违犯之法规。因而才保证了乌尤山林木繁茂，四季常青，使"佛头"千年完美无损。

东山大佛究竟是纯属山形地貌的巧合还是由人工雕琢而成，还有待进一步探索。

应县木塔防雷之谜

位于山西省应县的佛宫寺释迦塔，俗称"应县木塔"，建于公元1056年，是我国现存最古老、最高的木结构佛塔，也是我国古建筑中功能、技术和造型艺术取得完美统一的优秀范例之一。

应县木塔是辽代统治者宣扬佛法的场所，又是古时人们作战的瞭望台，塔高67.13米，底层直径为33米，呈八角形，有五个明层和四个暗层，共九层。底层为重檐，四周环廊。二层以上都为平座构栏，塔顶为铁刹，高14米，直射蓝天。此情此景，人们不禁会由衷地赞赏镌刻在塔南边的楹联："拔地擎天，四面云山拱一柱；乘风步月，万家烟火接云霄"。

纵观古塔建筑，当时多

数"高层建筑"常因雷击而毁坏。如公元833年，北京法源寺五层木塔因雷击起火。著名的开封佑国寺"铁塔"，原系木结构塔，公元1104年因雷击而焚毁，如今的塔是重建的。

应县木塔是否遭过雷击呢？20世纪以前无从考证，据现代记载，20世纪50年代，在距塔100米的地方曾发生过两次特大雷击，对它毫无影响。那么，它是怎么安全脱险的呢？

原来，矗立在应县木塔塔顶的铁刹，全为铁杆制成，由迎莲覆钵、相轮火焰、仰目宝瓶及宝珠组成，中间有铁轴一根，插入梁架之内，这不正是避雷针吗？四周八条铁链，不正是引雷的引下线吗？与应县木塔南北呼应的湖南岳阳慈氏塔，自塔顶有六条铁链沿六个角下垂到地面上，用以防止雷击。有的古塔也采用这种方法防雷。正是有了这些避雷设施，应县木塔才免遭劫难。

苏州双塔之谜

到过苏州的人，都忘不了苏州的古典园林和水巷小桥。其实，苏州还是一座宝塔之城。据有关史料记载，苏州历史上大大小小的宝塔约有100多座，保存下来的也有数十座，仅楼阁式宝塔就有20多座。而在这些古塔中，双塔格外引人注目。据说，这对双塔不仅在苏州是唯一的，即便在全国也绝无仅有，而双塔的塔刹之谜，更让其多了一份神秘色彩。

双塔位于定慧寺巷的双塔院内，两塔"外貌"几乎完全一样，分为7层，东塔高33.3米，西塔略高，为33.7米。双塔建于北宋太平兴国年间，是一对佛塔，两塔间相距仅20米左右。在这么近的距离修建两座塔，对地基的要求是相当高的。风雨千年，但双塔依旧挺立，这引起了中外建筑学家的高度关注，每年都有很多建筑学者慕名而来，有的建筑学教授甚至将自己的学生带到这里，进行实地教学。当然，引起建筑学家关注的不只是这些，塔冠上高达10米的塔刹更是让他们匪夷所思。

据了解，这两个塔刹都是用生铁铸成，每个足有5吨重，当时的人是如何把这巨物"搬"上去的呢？建筑学家对此众说纷纭，有的猜测是先用土将塔围起，然后沿着土坡将沉重的塔刹"牵"上去，但问题是由于当时寺庙已经存在，那么大的土坡又如何堆呢？也有人推测是架起石梯后再登上塔顶的，但这样的难度同样也不小。至于双塔的塔刹是如何被运到20多米的高处装上的，至今还是一个谜。正是这奇妙的谜题，规模并不大的双塔院每年都能吸引5万多名游客前来参观。

望仙桥的由来

　　早先，杭州鼓楼附近有一座无名的小石桥，桥边有个专治烂疮脓包的外科郎中。他宽额角，粗眉毛，高鼻梁，阔嘴巴，黑脸上长满络腮胡须，两腿生烂疮，一脚高一脚低的，是个跷拐儿。他在桥边撑一把大布伞，摆一只破药箱，白天坐在大伞下行医，夜晚就躺在药箱上睡觉。

　　起先，人们看他这副样子，都不相信他真能治病。后来，有一个烂脚烂了三年的人，到处治不好，想碰碰运气，就到大伞下面来找他医治。不料郎中给了他一张狗皮膏药，三天工夫就把那人的烂脚治好了。消息一传十，十传百，到大伞下面来求医的人便渐渐多了起来。这郎中就用这一种狗皮膏药，治好了很多人的陈疮烂毒。这样一来，他的名气很快就轰动了杭州城。大家还送他一个外号，叫"赛华佗"。

　　赛华佗出了名，杭州好些挂牌的"高手名医"和药铺老板的生意便清淡了。他们气不过，就聚拢来商量，大家凑1000两银子送给知府，要求把赛华佗赶出杭州去。

　　知府受了贿赂，便差衙役去把赛华佗抓来。

　　知府把惊堂木一拍，喝道："混蛋！见了本府怎不下跪！"

　　赛华佗冷冷地回答说："我是个跷拐儿，膝盖骨硬，从来不跪的。"

　　知府又一拍惊堂木："你叫什么名字？从哪里来的？"

　　赛华佗说："我没有取过名字，不过杭州百姓送我一个外号，叫我赛华佗。从哪里来，我倒记不清啦。"

知府眼睛一转，就哈哈大笑起来："好一个赛华佗！亏你自己说得出口！你既有赛华佗的本事，怎么不先把自己的烂脚治好？"

这时，知府只觉得背脊上有什么东西在爬，痒得难受，急忙伸手到衣裳里去摸，却摸不到什么。只见赛华佗冲着他哈哈大笑道："知府大人哪，你真是聪明一世，糊涂一时！世上各行各业顾得了别人顾不了自己的该有多少！盖屋的为啥住茅草房？养蚕的为啥穿破衣裳？种谷的为啥饿肚肠？管盗贼的官府又为啥要在暗地里贪赃？这些你怎么不问一问、管一管呀？"

知符被赛华佗问住了，说不出话来，就把惊堂木拍得震天响，大叫："掌嘴！把他关进死囚牢里去！"知府退了堂，觉得背脊上那地方痒得更厉害了，脱去衣裳叫人看看，原来起了个小硬块。这小硬块越抓越痒，越抓越大，过了半个时辰，就变成一颗疔疮，疼得他在床上大喊大叫。师爷得知，进来对知府说："老爷，我听说那赛华佗倒真是个治疔疮的好手哩！叫他来给你治一治吧，等治好疔疮再治他的罪也不迟呀！"

知府疼不过，只得差人到牢监里去把赛华佗叫来。赛华佗看过知府背脊上的疔疮，就给他贴上一张狗皮膏药。

哪知过了一夜，知府背脊上的疔疮不但不见好，反而越肿越大，烂得流脓流血，隔着三重大门都能闻到臭味。知府恨死了，天不亮就差人到牢监里去把赛华佗抓来，大吼道："我背脊上的疔疮疼得更厉害了，一定是你在膏药里放了毒！"

赛华佗说："不要忙，不要忙，让我仔细看看疔疮再说。"说着，便揭起膏药，细细看了一回，皱皱眉头说："这疔疮口子小，里面大，从里面烂出来，叫作'穿心烂'，是无药可救的。因为你平常做事太狠毒，不讲良心，所以得了这个毛病，和我的膏药毫不相干！"

听赛华佗这么一说，知府是又气又急，大叫大喊："砍他的头！砍他的头！"过了一会，他上气不接下气，白眼一翻，就呜呼哀哉了。

师爷照着知府临死吩咐的话，给赛华佗安上个"妖道惑众"的罪名，押赴刑场问斩。

赛华佗被押上刑场的时候，走过他撑大伞摆药箱的小石桥。周围的老百姓见他受了冤枉，都围拢来说长道短，一下子把道路都堵住了。赛华佗对大家说："乡亲们啊，官府老爷硬要送我归天去，我不走也得走啦！"说着，一纵身跳下桥去，"扑通"一声，河面上水花四溅，漩涡儿咕噜噜转；忽地冒起一股青烟来。赛华佗站在空中朝人们点头招手，随着青烟一直飘上天去了。

人们都说，赛华佗是个神仙。大家忘不了他，四时八节总有人要到这座小石桥去盼望他再回来给大家治病。时间一久，这座小石桥就被叫成了"望仙桥"。

双龙桥的传说

传说，金碧坡上有一家姓刘的农民，家中只有母子二人。年方20岁的刘世海从小丧父，与老母亲相依为命。一天，老母亲突然发病，临终前拉着儿子的手说："为人要做好事，要积德行善。今后，你只要有办法，一定要在渡口修座桥来方便行人。"有孝心的刘郎含泪埋葬了母亲，牢记母亲临终前的嘱咐。只是哪来钱修桥呢？他决定先背人过河，有了钱再修桥。

从他母亲去世后起，十年如一日，他背了成千上万的过往行人过了河，包括那些年轻少妇和姑娘。在背女子过河时，他从没动过一丝邪念，总是稳稳当当地背她们过河。不少过河的拿出钱来，他都分文不收。刘郎的善行，不仅在嘉陵江沿岸的码头被传为美谈，也感动了天上的玉皇大帝。太白金星根本不信凡间还有这样没有私欲的年轻人。玉皇大帝为了探明真假，让太白金星化为一位美貌俊俏的女子来溪边过河。刘郎见到这天仙般的美女，依然不为所动，小心稳当地背她过了河。玉皇大帝听了，十分感动，决定实现刘郎修桥的愿望。

一天，刘郎一早又来河边背人过河。有位年轻姑娘来到溪边，恳求说："我老母患急病，急需过河去请郎中。我母患病已将家里钱财用完，没钱酬劳，望做做好事。"刘郎二话没说，背起姑娘就下水，可是他越走越感到身上

背的人越来越重，又不好意思转脸去看。当他一脚跨上岸时，"咚"的一声，倒在了沙坝上。当他定睛一看，那是什么姑娘，背上背的竟是闪闪发光的一背篼元宝。刘郎心中已明白，这是神

仙显灵，送来助他修桥的资金。当即他雇请能工巧匠进行设计和修建。经过七七四十九天，溪上一座三孔石桥架起来了。但天公不作美，眼看桥面要合拢了，修桥大师傅安装石桥差两节，不管用什么石料怎么也合不拢。眼看要发大水了，急得刘郎烧香祈祷。

此事传到龙宫，惊动了龙王，于是传令小白龙、小青龙前来听令。命他们助刘郎完成修桥的义举。小白龙与小青龙龙身一跃弓腰躺到桥面空挡中，只听"卡"的一声，不偏不倚，不多不少，稳稳当当补上了空隙。青、白二小龙，以身化桥，助刘郎修好了石拱大桥。桥面一侧，白色龙头伸出桥头，后面露出龙尾；另一侧，青色龙头突出桥头，后面露出龙尾。一座飞跨金碧溪的三孔石拱大桥连成了。从此，人们就把这座桥叫作"双龙桥"。

朝宗桥的故事

　　关于"朝宗桥"，民间还流传着这样一段故事：明代时，为沟通从沙河至明陵的道路，朝廷派遣赵朝宗修建沙河北大桥，另派遣一人修建沙河南大桥。可此人是一个大奸臣，贪污了大量建桥银两，偷工减料，工程很快就结束了，奸臣赶紧进城向皇帝报功，并向太监们行了贿，因而得到了嘉奖。与此相反，赵朝宗只知一本正经建桥，忠心耿耿，忙于工程，不行贿，不受礼，清正廉洁，甚至连皇帝派来的太监也招待得不够热情。因此，被太监进谗，说赵朝宗"工期迟缓，耗资无当"。工程竣工后，赵朝宗回京交旨，所花费用确实比南桥高，皇帝听信谗言，未经认真调查，即将赵朝宗处斩。可巧那年连降暴雨，引起山洪暴发，沙河水暴涨，水流湍急，结果南桥一下就被冲垮，北桥却岿然不动，桥体毫无损坏。皇上得报后，立即查清事实真相，方知受骗，遂将奸臣及进谗、诬陷忠良的太监推出午门斩首。为补过失，于次年命人在石桥北东侧立一方石碑，阴阳都刻"朝宗桥"三个大字以作纪念。这虽只是一段民间传说，但朝宗桥比安济桥的质量确实要好得多，安济桥已无踪影，被钢筋混凝土大桥所代替，而朝宗桥还屹立在北沙河上，为今天的交通作着贡献。

万福桥的传说

　　"这桥能不能过花轿？"村西刘家的接亲娘舅试探着问修桥的工匠。"不行！"负责看管通行的工匠头都不抬，斩钉截铁地说。"能否通融一下？"接亲娘舅脸上堆着笑，手里递过烟袋，"来一口？""你不见正在议事吗？老族长他们都来了。"工匠接过烟袋，接着说，"在议桥名呢！""老族长，能否通融通融？结婚的人家等着花轿呢！"接亲娘舅转而向老族长恳求道。老族长看到河道因造桥被堵，花轿又必须过桥，就对工匠头说："能否帮忙抬过去？""抬是可以抬过去的，但不知能不能让新娘开开金口，为桥起个名？"刚才见他们议桥名议了半天也没议出个结果，工匠头对老族长建议道。于是，新娘坐着花轿被抬到桥面，听了媒婆的说明，迅速明白了情势，新娘先向老族长那个方向福了一福，又向东南西北四个方向分别福了一福，可能是大喜之日不敢乱言，就是不开口。为了要起桥名，人们纷纷劝说新娘，逐渐把花轿围了起来。无论怎样劝说，新娘始终还是不开金口，只是一个劲儿地向人们福了一福，又福了一福，福了又福。"我姐姐已经是福了百福，福了千福，福了万福，还不行吗？"新娘最小的弟弟才十岁，看到姐姐不停地福，不由得急了起来。"好，好！桥名有了，桥名有了！"听到孩子说到百福、千福、万福，老族长高声说道，"在百福、千福、万福三个名中选一个。""万福桥！"众人异口同声地说。万福桥的名称由此而来。

"胜棋楼"名称的由来

正门中堂有棋桌，相传这里是专供明太祖朱元璋下棋的地方，故名"对弈楼"。然而今天楼门上的匾额写的却是"胜棋楼"。

明太祖朱元璋非常喜欢下围棋，当时朝中有一位名臣叫徐达，是一位弈林高手。可是朱元璋每次找徐达对弈，徐达总是败在他手下。对此朱元璋心里明白，恐怕这是徐达有意让着自己，然而朱元璋有时又很自信，徐达未必就能赢自己。一次，朱元璋又叫徐达去下棋，事前并一再告诉徐达：胜负决不怪罪你，你要尽量施展棋艺，以决一胜负。于是，阵势拉开了，两人从早上下到中午，午饭也没顾上吃。这时，朱元璋节节逼近徐达，眼看胜局在望，心头一高兴，便脱口问徐达："爱卿，这局以为如何？！"徐达微笑着点头答道："请万岁纵观全局！"朱元璋连忙起身细看棋局，不禁失声惊叹："哦！朕实不如徐卿也！"原来朱元璋发现徐达的棋子竟布成"万岁"二字。

朱元璋为了嘉奖徐达的功绩和棋艺，当即将"对弈楼"和整个莫愁湖花园钦赐给徐达，并将"对弈楼"更名为"胜棋楼"。至今"胜棋楼"内还挂有徐达的肖像。后人为此还撰写了这样一副对联："莫愁女观花眉飞色舞，朱元璋对弈好大喜功"。

沧浪亭的传说

到过沧浪亭的人都知道，在沧浪亭，有这样一个传说。

乾隆皇帝南巡，路过苏州，住在沧浪亭。有一天，皇帝吃完晚饭，觉得寂寞无聊，便想寻个消遣。他听说苏州的说书很有名气，唱得动听，说得入情，有声有色，非常有趣，于是，传下旨意，要听说书。

苏州城内有个说书的名角叫王周士，名气响彻江浙。苏州知府亲自去请王周士，还特别关照他，在皇上面前，多替他美言几句。到了沧浪亭，乾隆皇帝正等得不耐烦，要他马上开书。王周士不动声色，慢吞吞地说："万岁坐在明烛边上，难道不知道四周一片漆黑？小人在黑暗里弹唱动作，万岁如何看见？"乾隆听了，虽觉得话里带刺，但也有几分道理。只好面带尴尬，命左右赐王周士明烛一根，好令他快快开书。王周士手捧三弦，站立在那里，仍旧不做声。皇上不禁生起气来，问："何故还不开书？"王周士不卑不亢："启禀万岁，小人说书虽是小道，但只能坐下，站着不能说书！"

乾隆没听过苏州说书，不知道有这样的规矩。虎起了面孔，粗声粗气地说

道："赐座！"内侍马上去搬座位，心里却犯嘀咕：皇帝面前一等大官，也不敢坐着说话。眼前这个说书的，居然讨到了金凳，心里着实不服气。王周士可不顾这些，大模大样地坐下来。把三弦一拨，"叮叮当当"的声音，既像百鸟朝凤，又像金鼓齐鸣。乾隆听得是眉开眼笑。王周士最

拿手的是《白蛇传》。于是就挑了最精彩的一个片断说起来。说到端午节白娘娘怎样误入沧浪亭吃雄黄酒，怎样现出了原形吓死许仙，真是讲得绘声绘色，活灵活现。乾隆听得津津有味，点头晃脑，脱口喊出"好"字。王周士字正腔圆，越说精神越足，一直说到白娘娘盗仙草，回到苏州，救活了许仙，方才落回。王周士把三弦一放，讲一声"明日请早"！

这种好书，乾隆哪肯罢休。他连连摆手，"寡人兴致正浓，岂能扫兴？"内侍上前禀报："皇上，已是五更天了。"乾隆不得已，吩咐内侍，将王周士留宿在沧浪亭。乾隆皇帝听书听得如醉如痴，神魂颠倒，一天也不能断，成了一个地道的书迷。后来，他要回京，这样的好书又舍不下，就命王周士随驾进京，外加赐七品冠戴。王周士到了紫禁城，住在皇宫里，真所谓平步青云。吃得顺口，穿得舒坦，住得宽敞，连走路的地面都是软乎乎、滑溜溜的。

可是，这么惬意的日子，王周士反而不习惯。他觉得关在皇宫里弹唱，就像一只身陷金丝笼的百灵鸟，唱不出新歌，伸不开翅膀。所以，他找机会借口生病，禀明皇上，又回到了苏州。不仅是苏州的说书，沧浪亭更是以自己的特色吸引了乾隆皇帝。沧浪亭以清幽古朴见长，是宋代园林艺术的代表。在造园艺术上，别具一格，不同凡响。

蓬莱八仙过海景区

八仙过海旅游景区又名"八仙渡"，是神话传说中八仙过海的地方。位于山东省蓬莱市海滨路8号，景区三面环海，形如宝葫芦横卧在大海之上。主要景观有几十处：如八仙坊、仙人桥、仙源楼、八仙壁、望瀛楼、八仙祠、祈福殿、财神殿、会仙阁、颐心亭、龙王宫、妈祖殿、拜仙坛、八仙过海处、观海长廊等，景区最北端是旅游观光码头，可以乘坐快艇在海上游览十大景观、遨游黄渤海、感受八仙过海的神奇。古老的神话传说、神奇的海市蜃楼、迷人的山海风光，吸引了众多海内外游客来此寻觅仙踪，拜仙祈福。

八仙过海是精彩的八仙故事之一。其生动的记述见于明吴元泰之《东游记》。该书写八位神仙人物好打抱不平，惩恶扬善。有一天，他们一起到了东海，只见潮水汹涌，巨浪惊人。吕洞宾建议各以一物投于水面，以显"神通"而过。其他诸位仙人都响应吕洞宾的建议，将随身法宝投于水面，然后立于法宝之上，乘风逐浪而渡。后来，人们把这个掌故用来比喻那些依靠自己的特别能力而创造奇迹的事。

白马寺大佛殿

据说，有一次释迦牟尼在灵山法会上面对众弟子时，闭口不说一个字，只是手拈鲜花，面带微笑。众人十分惘然，只有摩诃迦叶发出了会心的微笑。释迦牟尼见状，就说："我有正眼法藏，涅槃妙心，实相无相，微妙法门，不立文字，教外别传。"这样，摩诃迦叶就成了这"不立文字，教外别传"的禅宗传人，中国佛教禅宗也奉摩诃迦叶为西土第一祖师。

白马寺大佛殿的"释迦灵山会说法像"就是根据此传说塑造而成的。法像旁边，还有手拿经卷的文殊和手持如意的普贤两位菩

萨。释迦牟尼佛像背后是观音菩萨像。殿内还有一座引人注目的大钟，高1.65米，重1500千克，上饰盘龙花纹，刻有"风调雨顺，国泰民安"等字，并附诗一首："钟声响彻梵王宫，下通地府震幽冥。西送金马天边去，急催东方玉兔

升。"据传，这座钟与当时洛阳城内钟楼上的大钟遥相呼应，每天清晨，寺僧焚香诵经，撞钟报时，洛阳城内的钟声也跟着响起来，因此，白马寺钟声被列为当时洛阳八景之一。

政变之门——玄武门

　　玄武门，是唐代长安城的北大门，默默地守护着初唐时期中央政府太极宫。在后人看来，玄武门是个极不太平的"凶险之地"，这里曾发生过三次惊心动魄、几乎改写唐朝历史的著名政变。如今，这座闻名天下的政变之门早已不复存在，我们只能凭借想象，去遐想当年玄武门的恢弘、厚重与威严。

　　纵观历次玄武门政变，其中最著名、最惊险的，还是公元626年由李世民发起的第一次"玄武门之变"。那场惊心动魄的惨剧隐藏在种种史料典籍的字里行间，阴冷刺骨。

　　当年，一个拥有着赫赫战功和众多勇将谋士的秦王李世民，足以让太子李建成和齐王李元吉如坐针毡。随着双方斗争的愈演愈烈，李世民决定先下手为强。6月4日清晨，他与早已买通的李建成心腹——玄武门禁军守将常何内外

接应，自己则率领尉迟敬德等人埋伏于玄武门内。这天一早，李建成、李元吉准备好一起去向父亲李渊狠告一状，期望削减李世民的势力。不过，就在前一晚，李世民已通过安插在太子身旁的耳目，对他们的动向了如指掌。当李建成、李元吉两人骑马行至玄武门附近时，隐隐感到气氛不对，拨马便回。这时李世民跃马冲出，一箭射死了李建成。李元吉还没来得及逃走，也被尉迟敬德杀死。当东宫的太子党羽们领兵前来解围时，一切都太迟了，他们的首领已经暴毙，首级也被砍下。

此时，皇帝李渊正在玄武门附近的后宫海池内泛舟游乐，只见尉迟敬德来报：太子作乱，已被秦王诛杀。大惊之下，李渊立即下令所有军国大事一律交给秦王李世民处理。不久后，李世民被立为太子。同年8月，李世民登上了皇帝宝座。

唐太宗李世民通过"玄武门之变"登上皇位，这似乎成了一个不祥的兆头。因为在同一座玄武门前，他的后代们又接二连三地发起了多场喋血政变。李世民发动"玄武门之变"之后81年，相似的一幕再度在玄武门上演。

第二次"玄武门之变"发生在唐中宗景龙元年（707），是由太子李重俊发动的宫廷政变。宫廷之内处处充斥着钩心斗角，暗藏着刀光剑影，追逐权力的欲望竟然让女子也不甘示弱。唐中宗李显的皇后韦后与安乐公主这对传奇母女，自中宗立李重俊为太子后就极力反对，爱权心切的韦后与公主请求皇帝废黜太子，将安乐公主立为皇太女。为尽快除掉这对眼中钉，按捺不住的皇太子李重俊率羽林军将领李多祚等人从太极宫南面的肃章门杀入宫内，欲将韦后、安乐公主与上官婉儿一网打尽。在此情况下，韦后等仓皇中挟持着中宗登上了玄武门楼，以皇帝为人质逼太子率领的军士反戈投降，并召羽林军百余人于楼下列守。当太子兵至玄武门下，并没与城楼上的皇帝相持多久，中宗一句招抚军士的承诺，立即让太子这边的人马调头归顺。中宗说："汝并不是我爪牙，何故作逆？若能归顺，斩多祚等，与汝富贵。"太子的军士立即在玄武门下杀死了李多祚等将领。太子李重俊见大势已去，率百余骑出宫逃往终南山，至鄠县西十里便为部下所杀。被妻女挟持，眼睁睁地看着儿子在城下兵败逃走，中宗李显恐怕是唐代皇帝中最窝囊的一个，这次事变后，中宗将玄武门改名为"神武门"。

几年不到，在玄武门又上演了第三次政变。这一次宫廷政变仍发生在唐中宗时期。第二次"玄武门之变"后，韦氏一门几乎权倾天下，不过，他们的胜利果实仅仅品尝了短短的3年就被李隆基在新一轮的玄武门政变中全部处死。公元710年，李隆基与太平公主等人密谋诛杀韦氏及其党羽，6月20日，李隆基趁着夜色率兵攻入玄武门。军士一举杀掉了韦后、安乐公主、上官婉儿之后，又在宫城内外将韦氏党羽一举铲除。从此，李隆基走上政治舞台，后来开创了开元盛世。

为什么这些宫廷政变都要发生在玄武门呢？而且在政变中，谁控制了玄武门，谁就掌握了主动权，而没能控制玄武门重地的，均以惨败告终。玄武门究竟有什么神奇之处，能使发动政变者一招制胜？

玄武门在地理位置和战略意义上看，是宫城乃至整座长安城最为关键的一道门户。玄武门修建在龙首原上，地势较高，可以清楚地俯视整座宫城。登上城楼，城内任何一处调兵遣将的动向一览无余。假设在当年的第一场"玄武门之变"中，李建成和李元吉率先控制了玄武门，后果可能就会另当别论。所以许多专家认为，谁先在玄武门掌握了先机，谁就得到了掌握局势的主动权。

随着大唐王朝的灭亡，历经近300年辉煌的长安城终究没逃过战火的摧残，玄武门也随着城的残破而彻底消失。现今的玄武门为后代重建。

天下第一关——剑门关

剑阁指剑门关。剑门关是横跨剑阁、昭化之间大剑山上的隘口，大剑山地势北高南低，山岭绵亘，七十二座峰峦如剑直指天空，峥嵘崔嵬的山势一到剑门关就突然中断，两崖对峙，笔直的悬崖直落到谷底，其状似门，故称"剑门"。两崖中间的隘口宽约20米，长约500米，一条湍急的溪流穿关而过。

在古代，绝壁上建有栈道，中间修了一道关门，上设三层炮楼，如果把关门一闭，真可谓插翅难飞，有一夫当关，万夫莫开之险。

剑门关是古代川陕间的主要通道，出剑门关北行的道路，蜿蜒于高山峭

壁之间，行旅往往为之胆战心惊。三国时期，蜀国丞相诸葛亮率领部队凿剑山，开阁道15000米，凡遇悬崖峭壁之处，即沿山凿洞，架以横木，在险隘之口建阁亭，并在山口建关镇守。诸葛亮建好阁道后，实行以攻为守的战略，多次率兵出剑阁攻打魏国，虽然无功而返，但有效地震慑了敌人，保全了蜀国。

古代"联合国"
——会盟台

在河南省濮阳市，有一个中国古代的"联合国"，不过当时它不叫"联合国"，而被称作"会盟台"。

作为河南省历史文化名城的濮阳，春秋时期是卫国国都。会盟台遗址位于今濮州市旧城镇，旧称"葵丘""戚城"，俗称"孔悝城"。当年这里有一个占地16万余平方米的高大土台，可容纳万余人。春秋初期，周王室势力日渐衰落，各诸侯国逐鹿中原争霸天下。雄才大略的齐桓公举贤任能励精图治，使国力日益强盛。桓公三十五年（公元前651）夏，齐桓公大会诸侯于葵丘。"葵丘之盟"奠定了齐桓公的霸主地位，会盟台也因此名扬天下。从此，齐桓公以中原诸侯盟主的身份，得以"挟天子以令诸侯"，备受后人瞩目。公元前626年至公元前531年的近1个世纪里，各诸侯国国君及卿大夫在卫国会盟共达15次之多，戚城（葵丘）也成为名副其实的古代"联合国"。

1996年11月20日，戚城被国务院公布为第四批全国重点文物保护单位，如今这里建起了一座戚城遗址公园，园内风光秀丽，人文遗迹繁多，堪称豫鲁冀一带年代最悠久、延续时间最长的古代聚落城池。

历代状元与黄鹤楼

　　我国实行了1300年的科举考试约产生了886名状元，其中姓名得以流传至今的仅有675名，不仅留下姓名，而且多少有点生平事迹可考的则只有509名。要研究他们跟黄鹤楼的关系，还得去掉因疆域限制而不可能与黄鹤楼发生瓜葛的辽、金、西夏、南汉、伪齐、后蜀及大西（张献忠烧毁了黄鹤楼）、太平天国（黄鹤楼咸丰六年又毁于战火）、入宋前已去世的南唐的状元共76名。

　　通过各种方式反复搜求，在历代有资料的433名状元中，目前仅发现6位与黄鹤楼有过直接或间接联系的记载。他们是唐代的王维、五代的卢郢、宋代的冯京和王十朋、明代的杨慎、清代的毕沅。

王维

最早与黄鹤楼发生联系的是唐开元九年（721）状元王维，他的《送康太守》一诗中直接出现了"黄鹤楼"三字。诗云：城下沧江水，江边黄鹤楼。朱栏将粉堞，江水映悠悠。铙吹发夏口，使君居上头。郭门隐枫岸，侯吏趋芦洲。何异临川郡，还劳（原注：一作来）康乐侯。

此诗含有写景、叙事、抒情、议论，但总的看来思想性、艺术性都不突出，所以古今研究者都不曾关注，各种选本均未选，不过它至少可以证明王维是到过黄鹤楼的。

杨慎

杨慎（1488年～1559）字用修，号升庵，新都（今四川新都县）人，祖籍庐陵（今江西吉安市）。其父杨廷和官至少师大学士，当首辅近10年，叔父杨廷仪也官至礼部尚书。这样的家庭使杨慎受到了高质量的教育，而他本人又异常聪慧，学习自觉而刻苦。7岁时所作《古战场文》便为时人所称。正德六年（1511）辛未科他夺魁时年仅24岁。入仕后，他不计利害，敢于谏争。嘉靖三年（1524）"大礼议"起，他坚持反对"以外藩入嗣大统"的世宗推尊其生父为"皇考"的主张，跟许多臣僚一起挨了"廷杖"。他不仅被打得半死，而且被充军云南，终身不得赦免。

在官场上，他是个直臣。作为学

者，他被公认为一代雄才。其知识之渊博、兴趣之广泛，在整个明代是难有其比的。

　　杨慎与黄鹤楼的联系是间接的。从《升庵诗话》卷六《岳阳楼诗》条所载"余昔过岳阳楼，见一诗云……"可知，他是到过岳阳楼的，是否顺路游览过黄鹤楼未见记载。他本人不见有跟黄鹤楼相关的作品，但是多次评论过前人所写的跟黄鹤楼相关的诗歌。

赵州桥千年不倒之谜

赵州桥建于隋开皇十五年至大业元年（595～605），距今已有1400多年的历史，其间经历了10多次大洪水、8次战乱和多次地震的考验，屹立千年而不倒。其主跨跨径达37.02米，在石拱桥跨径指标上迄今无桥能与之比肩。1991年，美国土木工程师学会将赵州桥评定为第12个世界历史土木工程的里程碑。赵州桥是中国人的骄傲。

那么，赵州桥为什么能屹立千年而不倒呢？

中国习惯上把弧形的桥洞、门洞之类的建筑叫作"券"。一般石桥的券，

大都是半圆形。但赵州桥跨度很大，从这一头到那一头有37.04米。如果把券修成半圆形，那桥洞就要高18.52米。这样车马行人过桥，就好比越过一座小山，非常费劲。赵州桥的券是小于半圆的一段弧，这既减低了桥的高度，减少了修桥的石料与人工，又使桥体非常美观，很像天上的长虹。

券的两肩叫"撞"。一般石桥的撞都用石料砌实，但赵州桥的撞没有砌实，而是在券的两肩各砌两个弧形的小券。这样桥体增加了四个小券，大约节省了180立方米的石料，使桥的重量减轻了近500吨。而且，当洨河涨水时，一部分水可以从小券往下流，既可以使水流畅通，又减少了洪水对桥的冲击，保证了桥的安全。

它用28道小券并列成9.6米宽的大券。可是用并列式砌，各道窄券的石块间没有相互联系，不如纵列式坚固。为了弥补这个缺点，在建造赵州桥时，李春命人在各道窄券的石块之间加了铁钉，使它们连成了整体。用并列式修造的窄券，即使坏了一个，也不会牵动全局，修补起来容易，而且在修桥时也不影响桥上交通。

大理蛇骨塔的传说

在大理众多的古塔中，佛图塔属于别具一格的古塔，传说中人们称它为"蛇骨塔"。它是白族英雄的象征。

传说南诏国王劝利晟在位期间，洱海里出了一条叫薄劫的巨蟒，常常兴风作浪淹没庄稼，吞食人畜，人民深受其苦。为此，南诏王张榜招勇士除害，但没有人敢应募。不久，有个叫段赤城的揭榜搏斗，他将全身缚上利刃，手执利剑，只身扑向洱海与巨蟒搏斗，最后被蟒吞入腹中，与蟒同归于尽。为了纪念这位舍身除害的英雄，人们将他葬在苍山斜阳峰下，并用蟒蛇骨烧成灰拌在石灰中建起一座灵塔，俗称"蛇骨塔"。

有了这动人的传说，蛇骨塔声名远播。蛇骨塔位于大理市下关北郊点苍山斜阳峰麓阳平村北面，塔后有寺，距下关市区4千米，佛图塔的建筑年代和建筑形式与崇圣寺三塔中的主塔千寻塔大体相同。塔高30.07米，为十三级密檐式空心方形砖塔，塔檐第一级至第四级的高度相差不大，每级高约60~70厘米；第八级至十一级高度基本上一致，每级高约50~55厘米，塔身内空，为简形结构，直通至第十二级。塔顶有青铜塔刹。塔西佛图寺的房屋建筑比较完好，但寺内精美的佛像已毁于"文革"期间，有柏木雕观音像9尊，泥塑文殊、普贤像各1尊，石雕本主像3尊。

1980年，国家曾拨专款对佛图塔进行维修，发现了一批文物，其中有保存较好的经卷20多种50余卷，主要有《金刚般若波罗蜜经》《大通广方经》《金光明经》等。这些经卷大部分是元代刊印的，有少部分是大理国时期的。

《枫桥夜泊》与寒山寺

月落乌啼霜满天，
江枫渔火对愁眠。
姑苏城外寒山寺，
夜半钟声到客船。

唐代诗人张继这首《枫桥夜泊》，1000多年来，脍炙人口，历久不衰。每每诵读之际，无不为诗歌优美的诗句、深远的意境所打动。古意的港湾，停泊着疏落的木船，两岸枫林掩映，秋天的枫叶，仿佛一片红云，灿烂如夏日盛开的凤凰花，远处湖面烟波迷茫。诗人停泊之时，夜色已经降临，上弦月渐渐在树梢隐没。老树上的栖鸦，偶尔惊觉，发出几声凄凉的啼鸣。诗人枕卧江浪，寒气袭来，夜不成眠。这时，远处的寒山寺传来一声声的夜钟，更是增添了独卧秋江的孤寂。

诗人因事途经姑苏城，夜色降临，将船停泊在寒山寺门前的沟渠边。渠里可能还泊着一两艘小船，

或者由于交通之道，不时会有船在赶路。依照惯例，晚上要在船篷上挂一只风灯，免得让来船撞上。诗人躺在船里，此时寒霜满天，万籁俱寂，唯有江风不时吹动岸边的树叶。旅途的孤独让他无法入睡，近处的寒山寺，每过一会儿就会敲一次钟。仕途失意，羁旅他乡的无限愁绪，悄然袭上心头。可诗人毕竟是诗人，如此强烈的感触，不吟出一首诗来抒发一下，可就说不过去了。写诗便要创造一种意境啊。西沉的初月，夜半时分的鸦啼，日间见到的枫叶，独卧孤舟的寂寥，船篷上黯淡的灯火，寒山寺，还有寺里不时传来的钟声，这几种意象一串连起来……好诗意，一首千古名诗就这样产生了。

梁思成与独乐寺

我国著名建筑学家梁思成和全国重点文物保护单位独乐寺有着深厚的感情，他对这一古建筑的研究和保护，倾注了大量心血，做出了卓越的贡献。

早在19世纪30年代，梁思成任职中国营造学社时，就开始了对独乐寺的研究。1931年，他打点行装正拟赴蓟县考察，正值"九一八"事变爆发。京津学生抗议蒋介石的不抵抗政策，举行请愿示威，因形势混乱未能成行。1932年4月，日军大举进攻长城各个关口，随即包围北京、天津。梁思成不顾个人安危，怀着"一定要把这座千年古刹测绘下来"的志向，带着从清华大学借来的仪器，和其弟梁思达一起，来到蓟县，就住在独乐寺对面的一个小店里。他们对独乐寺进行实地研究，登顶攀檐，逐一测量，速写摄影，记下了各部位的特征，并对寺史进行了考证。

回到北京后，梁思成依据调查测绘的资料，在其妻林徽因的帮助下，撰著了

《蓟县独乐寺观音阁山门考》，载于《中国营造学社汇刊》第三卷第二期"独乐寺专号"。该文分为总论、寺史、现状、山门、观音阁、今后之保护六部分，共4000余字。总论中指出：独乐寺观音阁"盖我国木建筑中已发现之最古者。以时代论，则上承唐代遗风，下启宋式营造，实研究我国建筑蜕变上重要资料，罕有之宝物也"。

在寺史部分，记载了明、清之际蓟县城被屠三次，独乐寺倚赖人民抵死保护而得以无恙的情节，大胆揭露和谴责了国民党孙殿英部队破坏独乐寺的罪行；记载了国民党蓟县党部企图拍卖独乐寺，因全县人民哗然反对而阴谋终未得逞的事实。

这是对这座千年古刹第一次较为详细的考证和测绘，留下了珍贵的技术史料。后为许多大学的建筑学系的教材所选用，并使独乐寺得以名播宇内，驰誉九州。

一个美丽的传说——
"塔冢"村名的来历

在石家庄市区的东南方，有一个古老的村庄——塔冢，关于"塔冢"村名的来历有一个美丽的传说。

在很早以前，塔冢的东北两面被漕河半包围着。一年夏季，一位朝廷命官押运着从南方征集来的粮食，在经过这里的时候突然病倒。为了不延误运粮时间，他决定自己上岸治病，病好后再追赶船队。然而，连日的暴风骤雨，使他的船队寸步难行，晚了四五天才到达目的地。朝廷对此非常不满，经过斡旋，朝廷宽免了他们延误时间的罪过，但这位得病的"命官"却再也回不去了。于是，他留在了此地。凭着"朝廷命官"的身份，他在当地和老百姓一起疏浚河道、兴修水利、发展农业，造福于民。有时他还济困救贫、仗义疏财，在当地百姓中口碑很好。在他去世之后，当地老百姓把他埋葬在了漕河南岸的高坡上，还自发地给他修了一座像塔一样高大宏伟的坟冢。据说，这座大墓的石块、石条、石板都是老百姓自发组织起来，用独轮车到15000米以外的太行山上开采后运回来的。塔冢修成后，当地百姓和四方来客几乎天天都有人到这里焚香烧纸祭奠。为了便于人们祭奠和保护塔冢，人们便在距塔冢2千米处的西南方修建了祭祀塔冢的祭坛，于是便有了"塔冢村"之说。

龙门石窟名字的由来

　　龙门石窟青山绿水，万像生辉，是中国四大石窟之一。

　　龙门石窟位于河南省洛阳市城南13千米处，这里香山和龙门山两山对峙，伊河水从中穿流而过，远望犹如一座天然的门阙，所以古称"伊阙"。到了隋朝，隋炀帝杨广曾登上洛阳北面的邙山，远远望见了洛阳南面的伊阙，就对他的侍从们说："这不是真龙天子的门户吗？古人为什么不在这里建都？"一位大臣献媚地答道：

"古人并非不知，只是在等陛下您呢！"隋炀帝听后龙颜大悦，就在洛阳建起了隋朝的东都城，把皇宫的正门正对伊阙，从此，伊阙便被人们习惯地称为"龙门"了。

独克宗古城

　　香格里拉古城的初始叫法是"独克宗"，位于香格里拉县东南隅。唐凤仪、调露年间（676~679），吐蕃在这里的大龟山顶设立寨堡，名"独克宗"，一个藏语发音包含了两层意思：一为"建在石头上的城堡"，另为"月光城"。后来的古城就是环绕山顶上的寨堡建成的。与此呼应的是在奶子河边的一座山顶上建立的"尼旺宗"，意为"日光城"，其寨堡已经没有了，原址

上是一座白塔。

香格里拉古称中甸，中甸即建塘，相传与四川的理塘、巴塘一起，同为藏王三个儿子的封地。历史上，中甸一直是云南藏区政治、军事、经济、文化重地。千百年来，这里既有过兵戎相争的硝烟，又有过"茶马互市"的喧哗。这里是雪域藏乡和滇域民族文化交流的窗口，是汉藏友谊的桥梁，是滇藏川"大三角"的纽带。

独克宗古城是中国保存最好、最大的藏民群居地，而且是茶马古道的枢纽。古城依山势而建，路面起伏不平，那是一些

岁月久远的旧石头就着自然地势铺成的，至今，石板路上还留着深深的马蹄印，那是当年的马帮给世间留下的信物。

独克宗古城的石板街就仿佛是一首从一千多年前唱过来的悠长谣曲，接着又要往无限岁月中唱过去。滇藏茶马古道的线路从云南普洱经大理、丽江、中甸（今香格里拉）、德钦、察隅、左贡、拉萨、亚东、日喀则、柏林山口，分别到缅甸、尼泊尔、印度。沿途经过金沙江、澜沧江、怒江、拉萨河、雅鲁藏布江，还要翻越5座海拔在5000米以上的雪山。马帮的一个来回，往往需要1年的时间。对于穿越茶马古道的马帮来说，独克宗古城是茶马古道上的重镇，也是马帮进藏后的第一站，这算是相当舒服的一段路。

到了这里，石板街上的马蹄子是放松的，人也是放松的，马帮们可以住进藏人温暖的木板房里，把马关进牛棚，喝上一碗喷香热乎的酥油茶。

藏式住宅

四川藏族人的住宅，由于自然条件不一，各地区的建筑形式也有所差异。草原农区房屋先用泥土建砌成壁，然后用木板间隔成若干个房间。屋的最下层一般是饲养牲口或堆积草料、牛粪等物。住、睡、家具等都在第二层。中间设有火塘，火塘上经常放着铜锅，烧开水或熬条，旁边一般都有一个铜质火盆，擦得很亮，火盆边缘放着茶碗，夏天当茶几用，冬天可以用来烤火，人们席地围火而坐，喝茶、进餐或闲谈。室内没有椅凳，也没有高桌。房屋的第三层多为经堂，整齐洁净，有贵客光临，在这里招待，表示尊敬，但一般贫苦人家，多半只有两层，很少设有经堂。屋顶用泥土铺平，秋收时在这里打晒青稞。房屋周围通常还筑有高约3米的围墙，使牲畜不能随意跑出，并防止被盗。

牧区的家庭设备更为周到，一般人家都居住在适应游牧生活的牛毛帐篷里。帐篷大小不一，有二十四幅、三十二幅，也有四十八幅的。每幅宽0.3米左右，呈长方形，帐脊中央高1.7米左右，两边倾斜及地，用牛毛绳累系于地下木桩，帐篷入口处贴有经文，或布上印有经义"嘛呢旗"，插于门前。帐篷内同样设有炉灶，炉灶是男、女座位的分界线，入口左方为女席，入口右方为男席，睡卧没有固定铺位，男睡男方，女睡女方。

湘西土家吊脚楼

湘西土家族生活在风景优美的武陵山区，境内沟壑纵横，溪水如流，山多地少，属亚热带山区气候，常年雾气缭绕、湿度大。在这种自然环境中，土家族人结合地理条件，顺应自然，在建筑上"借天不借地、天平地不平"，依山就势，在起伏的地形上建造接触地面少的房子，减少对地形地貌的破坏。同时，力求上部空间发展，在房屋底面随倾斜的地形变化，从而形成错层、掉层、附崖等建筑形式。这也证明了"巢居"是南方史前建筑的基本形态。

史书记载："穴居在高处，土层较厚，多在北方；巢居在低处，地面湿润，多在南方。"巢居是干栏建筑的早期形态，多见于长江流域以南地区的河姆渡等原始文明中。由于湘西气候湿热，森林植被资源丰富，居住在这里的土家族先民们为了防湿热和避开野兽虫蛇，选择了干栏式建筑栖居。

土家建筑历来闻名遐迩，尤以吊脚楼独领风骚。它翼角飞檐，走栏周匝，腾空而起，轻盈纤巧，亭亭玉立。通常背倚山坡，面临溪流或坪坝以形成群落，往后层层高起，现出纵深。层前层后竹树参差，掩映建筑轮廓，显得十分优美。土家吊脚楼大多置于悬崖峭壁之上，因基地窄小，往往向外悬挑来扩大空间，下面用木柱支撑，不住人，同时为了行走方便，在悬挑处设栏杆檐廊（土家叫"丝

檐"）。大部分吊脚横屋与平房正屋相互连接形成"吊脚楼"建筑。湘西土家吊脚楼随着时代的发展变化，建筑形制也逐步得到改进，出现了不同形式美感的艺术风格。

挑廊式吊脚楼因在二层向外挑出一廊而得名，是土家吊脚楼的最早形式和主要建造方式。一般楼设二三层，分别在一、二、三面设廊出挑，廊步宽在0.9米左右，挑廊吊柱由挑枋承托，出檐深度一般以两挑两步或三挑两步最为常见。这类吊脚楼空透轻灵、文静雅致，高高地翘角、精细的装饰、轻巧的造型是其主要特点。若从吊脚楼与主体的结合方式看，分别有一侧吊脚楼、左右不

对称吊脚楼、左右对称吊脚楼三种，其中以一侧吊脚楼最为常见。除此之外，土家族还有一种不做挑廊的吊脚楼，其正屋主体部分与厢房吊脚楼直角相连，似乎已形成约定俗成的"规矩"。通透的支柱、轻灵的翘角反而成为了视觉的焦点，如永顺老司城、泽家、石堤有一部分吊脚楼便有类似的特点。

所谓"干栏式"吊脚楼，即底层架空，上层居住的一种建筑形式。这种建筑形式一般多在溪水河流两岸，以群山为背景，河滩作衬托，成群连片，浩浩荡荡沿河岸展开，房与房之间常以马头墙相隔。其特征是檐口、腰檐、腰廊形成的水平线条与下边纵横交错的垂直支撑形成强烈的对比。这种细长而大小不等的支柱，排列不整、东倒西歪，体现了残垣断壁似的原始美，对人们的视觉审美产生强大的冲击力。

湖北荆州古城

　　荆州古城位于湖北省荆州市，是我国著名的文化古城，也是我国现存较完整的古代城池之一。汉代在此始建荆州城。三国时关羽又在城边筑起新城。南宋年间始建砖墙，并建战楼千余间。元代被毁。明时又重建砖城，明末，李自成起义军拆城攻占。清代又依明时旧城重建。由于这里扼守长江，形势险要，自古为兵家争夺重地。秦将白起攻楚、夷陵之战和三国时吕蒙袭荆州发生在这里，其中尤以"关公大意失荆州"最为家喻户晓。

　　荆州古城墙曾是楚国的官船码头和渚宫，后成为江陵县治所，出现了最初

的城郭。经过350多年的风风雨雨，现存的古城墙大部分为明末清初建筑。现在耸立在人们眼前的雄伟砖城，为明、清两代所修造。砖城逶迤挺拔、完整而又坚固，是我国府城中保存最为完好的古城垣。

三国时期，诸葛亮派关羽镇守荆州。关羽出兵攻打曹操，孙权乘虚偷袭荆州，导致荆州失陷。人们常用"天意失荆州"比喻因疏忽大意而导致失败或造成损失。荆州十分重要，它北据汉陜，利尽南海，东连吴全，西通巴蜀，占据天时地利，对蜀吴两方都具有非常重要的意义。而关羽的一时大意，不仅使他失去了这样一块宝地，也迫使他不得不败走麦城。

三味书屋趣话

三味书屋是鲁迅先生幼年时读书的地方。12岁那年，他到这里上学。三味书屋原为三余书屋。何为"三余"？此名取意于三国时董遇的话。据《三国志·魏志·王肃传》注引所载，董遇常劝学生充分利用"三余"时间读书。所谓"三余"，即"冬者，岁之余；夜者，日之余；阴雨者，时之余"。取名三余，大概是希望学生爱惜时间，后来私塾主人兼塾师寿镜吾的祖父寿峰岚改名为"三味书屋"。

关于"三味书屋"名字的来历，古人有三种说法：一，这是前人对读书感受的一种比喻，"读经味如稻粱，读史味如肴馔，读诸子百家味如醯醢"，三种体验合称为"三味"；二，"三味"出自宋代李淑《邯郸书目》："诗书味之太羹，史为折俎，子为醯醢，是为三味。"这是把诗书子

史等书籍比作佳肴美味，是很好的精神食粮；三，这是寿镜吾先生的祖训：布衣暖，菜根香，读书苦。后成为三味书屋的馆训。

鲁迅读书的"三味书屋"两旁的屋柱上有一副抱对，上书："至乐无声唯孝悌，太羹有味是诗书"，可见"三味书屋"中的"三味"应该用的就是这个意思。"三味"即"三昧"，这是在借用佛教语言，原指诵读佛经、领悟经义的三重境界：一为"定"，二为"正受"，三为"等持"，意思是说，诵经之前要止息杂念，做到神思安定专注；领悟经义态度必须端正，具有百般恭敬的虔诚；学习过程中要专心致志，保持始终如一的精神。随着佛教思想与汉民族文化的融合，"三味"逐渐引申为对事物本质精神意义的概括，有"个中三昧"，"得其三昧"等说法，用来比喻领悟学问的精确与深刻。这是对"三味"的另一种理解。

妈祖庙的传说

　　妈祖本姓林,名默,人们称之为"默娘",莆田县人。她在人间只活了28个春秋,可她的名字却被人们传颂了1000多年。传说她从出生到满月,不啼也不哭。她从小就会游泳、识别潮音,还会看星象;长大后"窥井得符",能"化木附舟",一次又一次救助在海水中遇险的人们。她曾经高举火把,把自家的屋舍燃成熊熊火焰,给迷失的商船导航;她矢志不嫁,把救难扶困当作自己人生的终极目标。公元987年九月初九,她在湄洲湾口救助遇难的船只时不幸捐躯,年仅28岁。她死后,仍魂系海天,每每风高浪急,樯桅摧折之际,她便会化成红衣女子,伫立云头,指引商旅舟楫,逢凶化吉。千百年来,人们为了缅怀这位勇敢善良的女性,到处立庙祭祀她。自宋徽宗宣和五年(1123)直至清代,共有14个皇帝先后对她敕封了36次,使她成为万众敬仰的"天上圣母""海上女神"。

自来桥的故事

　　自来桥位于安徽省明光市东南约40千米的群山之中，和滁州市、来安县及江苏的盱眙县接壤，是历史上著名的山区古镇，清朝以前称"太平庵"。自来桥虽是个山区小集镇，但它的地理位置决定了它的千年历史。

　　紧挨着小镇有一条不宽但也不算窄的清水河。枯水季节河水浅，两岸过往行人得脱鞋卷裤涉水而过；雨季水深，过往行人及生意人要绕很远的道，十分不便。早些年河上也架过木桥，但往往一发大水，桥就会被洪水冲毁。

　　北宋时，有一年秋天，大将呼延庆要到王村探望舅舅，路经河边，见两岸百姓过往十分麻烦，就在太平庵住了下来，并召集当地有钱大户出钱、百姓出工修建一座石桥。当桥基建成后桥面却无合拢石，周围虽然山多，但大石头都是圆鼓楞墩的灰麻石，或是不耐压的沙尘石，必须到较远的地方去开采合适的石头。无论是到老嘉山、中嘉山、鲁山或是龙山，最近的也有20千米远，就是有合适的合拢石，当时当地也没有运输的能力。呼延庆无奈，最后只好用木桥面，不到二年，木桥就被一场山洪给冲垮了。只剩下两个石桥墩留在原地。

　　1853年夏，洪秀全部下的两员猛将林凤祥、李开芳率太平军精锐部队2万余人从扬州出发，实施洪秀全的北伐计划，路经太平庵，无意中听老百姓说起当年呼延庆帮助建桥之事。林、李两将商议后，将部队驻扎下来，决心要把这桥修好。这天下午，林、李二位将军带领军中几名干过瓦匠、木匠、石匠的人和几名偏将前往桥墩处，后又派快马四处寻找合拢石。第二天早上有人返回禀报，涧溪以东的龙山石质坚硬，块也大，是花岗石，只是无法运回。林、李二位将军正在犯愁，军中一名偏将略通天文，他说近期有几场暴雨，定会引起山洪暴发。到时借助暴涨的山洪，派人将其拖来，可使石桥合拢。林、李二将采纳了那位偏将的建议，派人去上游开采巨大花岗石，另派人多准备粗长的麻

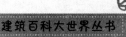

绳。可一连几天都是烈日当空，北伐任务也紧急，正不知如何是好时，突然，第六天上午饭后乌云滚滚，电闪雷鸣，倾盆大雨下个不停，机会来了。林、李二位将军按原计划立即派人冒雨行动，命令全军石桥合拢后连夜开拔。

第二天，雨过天晴，河水渐渐退去，人们发现一块巨大的花岗石，横亘在桥基上。消息迅速传遍全镇，围观者无不称奇，人们七嘴八舌，有的说太平军为太平庵百姓做了件大好事，对太平军将士赞不绝口。镇上有个富户活灵活现地说，他一连在飞来庙烧了三天的香，感动了玉帝，玉帝派一神龟将花岗石驮来的，并说他亲眼看见的，那神龟的头有笆斗大。这可是太平庵的吉祥之兆。在他的鼓动下，很多人又来到飞来庙烧香磕头，感谢神灵。后来人们主动捐款在石桥的两边砌上石栏杆，在桥的两头立上石狮，从此自来桥远近闻名。后来人们就改称太平庵为"自来桥"了。

与桥有关的故事

谢桥

谢桥就是谢娘桥，相传六朝时即有此桥名。谢娘，未详何人，或谓名谢秋娘者。诗词中每以此桥代指冶游之地，或指与情人欢会之地。谢娘一种说法是指唐时名妓谢秋娘；另一种说法是指因"未若柳絮因风起"而号称"咏絮才"的一代才女谢道蕴。后来，"谢桥"成为一种象征：只要桥头站着那位心爱的女子，那座桥便配得上称为"谢桥"！

糖桥

相传三官镇继芳桥原是一座竹桥，行人在上面穿行，非常危险。有一天，有个换糖者走过，就说："这座桥怎么没人修？要是我有钱，就造一座新桥。"一次，换糖者在一户破落官吏人家，换到了一对金弥陀，从此发了财。于是，他筹集一等石料，聘来巧匠，拆去竹桥，建造了一座三孔石拱桥，取名"继芳桥"。当地人为了纪念他，则直呼"糖桥"。

弹琴桥

在南桥镇北数百米处，原有一座小石桥，名"弹琴桥"。相传很早以前，当地有个姓钱的官吏，他有三个女儿，小女儿弹得一手好琴。附近有个青年名叫韩重，也是弹琴高手。时间一长，两人便相爱了，可钱老爷不允，小女儿只得劝韩重进京城修琴艺，求得功名，好让父亲答应他俩的婚事。韩重洒泪而别。但钱老爷强逼小女儿嫁给权贵，小女儿思念韩重，含恨而终。不久，韩重归来，得知心上人已故，就盘坐于小石桥上，弹起了伤心之曲，以抒发自己的思念之情。一曲弹完，便抱琴投河而亡。

高桥

奉城高桥镇有座石拱桥，建于明永乐六年（1408）。一次，当地有个乡绅外出，有人问他出生何处？他说高桥。那人又问高桥有多高？他夸张地说："初一跌下去，月半咚声响。"此事传到乾隆皇帝那里，引起了他的游兴，便准备下江南看高桥。船从淀山湖进黄浦江直驶奉贤，途经得胜港。乾隆问："此处何地？"侍从答道："此乃得胜港。"乾隆一听"得胜"两字，非常高兴，即令回朝。乾隆中途回朝，高桥的乡绅都高兴得不得了，因为他们免却了一场欺君杀身的大祸。

麻将桥

清道光年间，华治泾河上造了一座桥，名"麻将桥"。此处之前没有桥，行人过河十分不便。当地有个姓周的老人，对民间赌博十分憎恨，便邀集10多名有识之士，把赌场统统围住，捉住赌徒，没收赌注，焚毁赌具。用没收所得的赌款，建造了此桥。

碎盘桥

解放初，庄行有个小桥村，不知从什么时候起，被风水先生相中为"三元不败"的风水宝地。一天，有两个风水先生带了罗盘来到小桥村，都想定块"来龙秀地"。看见村头歌声嘹亮，红旗招展，翻身农民们正在大搞春耕。这两个风水先生见状，摇头叹息："风水本无灵，不可再骗人。"说罢，将手中罗盘往桥上狠狠一摔，碎片横飞。从此，该小桥便被称为"碎盘桥"。

秦始皇陵深度探秘

　　秦始皇陵是一座充满了神奇色彩的地下"王国"。那幽深的地宫更是谜团重重，地宫形制及内部结构至今尚不完全清楚，千百年来引发了众多文人墨客的猜测与遐想。司马迁说"穿三泉"，《汉旧仪》则言"已深已极"。说明深度已经挖到不能再挖的地步，至深至极的地宫究竟有多深呢？

　　据最新考古勘探资料表明：秦陵地宫东西实际长260米，南北实际长160米，总面积为41600平方米。秦陵地宫是秦汉时期规模最大的地宫，其规模相当于今天的5个球场那么大。通过考古钻探进一步证实，幽深而宏大的地宫为竖穴式。

神秘的地宫曾引起了华裔物理学家丁肇中先生的兴趣。他利用现代高科技与陈明等三位科学家研究撰文，推测秦陵地宫深度为500～1500米。现在看来这一推测近乎天方夜谭。假定地宫挖至1000米，它超过了陵墓位置与北侧渭河之间的落差。那样不仅地宫之水难以排出，甚至会造成渭河之水倒灌秦陵地宫的危险。尽管这一推断悬殊太大，但却首开了利用现代科技手段探索秦始皇陵奥秘的先河。

国内文物考古、地质学界专家学者对秦陵地宫深度也做了多方面的研究探索。根据最新的钻探资料，秦陵地宫并没有人们想象的那么深。地宫坑口至底部实际深度约为26米，至秦代地表最深约为37米。这个数据应当说不会有大的失误，这是依据目前最新的勘探结果推算的。但确切情况还有待于考古勘探进一步验证。

穆桂英点将台

　　穆桂英点将台，位于居庸关和八达岭老路右侧的山涧中，是一块平地突起的巨石，是北京市昌平区二级文物，石上刻有"仙枕"二字。当地人说，穆桂英曾站在这块巨石上点将，故名。

　　传说辽兵进犯中原。穆桂英挂帅大战辽兵，杀得辽兵节节败退。正当她率领大军乘胜追击时，突然分娩了。败退到居庸关北的辽兵得知此讯，以为有机可乘，立即停止败退，准备卷土重来。

　　刚刚分娩不到三天的穆桂英，接到紧急战报，心中很是恼火，立即要披挂

上阵，去退敌兵。众将官急了，忙上前劝道："元帅，辽兵反攻，自有我们抵挡。你身体要紧，还是留在帐内，不出去的好。"穆桂英说："辽兵反攻，战情紧急，我身为元帅，怎能坐帐不出呢！"说着，把婴儿交给丫鬟、侍女看管，马上传令大小三军将领，带领人马速到边关听点。众将领见元帅月子中不顾身体虚弱，还要出征抗敌，都深受感动。不多时，众兵将便已齐集台前。

且说辽邦兵将正准备拨马回头反攻宋营时，忽见穆桂英披挂整齐、威武地站在点将台上点将，都怔住了。他们看到这一情景，都认为穆桂英分娩是谣传，不能上当。于是又赶忙向北退去，一直退到八达岭外。至今那个点将台上还留着穆桂英的脚印和二十八个帐篷杆眼。

莺莺塔的传说

　　普救寺莺莺塔高40米，是一座内外方空筒密檐式的十三层四面锥型砖塔，距今已有430多年的历史。此塔不仅形制古朴，蔚为壮观，而且结构特殊，工艺精湛，具有奇特的回音效应，"普救蟾声"也因此而著称于世。据记载，它与北京天坛回音壁、三门峡宝轮寺塔、四川潼南大佛寺的"石磴琴声"（简称"石琴"）齐名，为我国古园林中现存的四大回音建筑。"蟾声"，给莺莺塔罩上了一层神秘色彩，还有一个寓意深刻的"师徒比艺留蟾声"的传说。

相传唐朝时期，佛教大兴，河中府要在普救寺和中条山脚下的万固寺各建一座佛塔，因没有能工巧匠而未能动工。一天，从外地来了师徒二人，说自己专揽浩大工程。两寺住持听说来了名师高徒，便将师徒请至禅堂，商量建塔一事，师徒欣然应诺。开工选在四月初八佛诞日。两寺住持对师徒二人说道："师徒各建一塔，要求塔身高十三级，形制一样，施工期限一年整，明年此时见分晓。"听罢，徒弟选建万固寺塔，师父则建普救寺塔。

话说这徒弟心高气傲，自恃聪明，心想这可是个出人头地的好机会，便挖空心思，巧立名堂，把功夫全用在了塔外形的精雕细刻上，妄图以此胜过师父。时间一天天过去，转眼到了第二年四月初八，两塔同时竣工。验收那天，众僧身披袈裟，顶礼膜拜，香客如流，争相观瞻。俗话说，不怕不识货，只怕货比货。大家经过比较，都说万固寺塔八面玲珑，磨砖对缝，密檐楼阁，精雕细刻，齐声夸赞徒弟比师父艺高一筹。徒弟听了十分得意。

正在这时，师父当众说道："我建的塔是一座评宝塔，塔下压着一对宝贝——'金蛤蟆'，击地即有叫声。"众人当场一试，果真如此，人人称奇，个个喝彩。顿时，徒弟羞红了脸，跪在师父面前请教。

师父语重心长地说："一座建筑外形上的华丽美观固然重要，而内部结构

更要有自己的独到之处。你要牢牢记住'谦受益，满招损'这个做人的道理!"

传说终归是传说，但普救寺塔是我国古代劳动人民智慧的结晶。"蟾声"引起了我国声学界人士的极大兴趣，经过探索，"普救蟾声"这一千古之谜已被揭开。四面八方的游客来到这里，都要俯首击石，聆听蛙鸣。

冀州摩天塔的传说

从前，冀州城里有三大名胜：一是竹林寺，二是砌城墙，三是摩天塔。说起这摩天塔还有一个传说呢！

相传很久以前，鲁班兄妹从冀州城经过，他们见冀州的城墙又高又厚，在蓝天白云的映衬下，城楼更显高大巍峨，高起脊、琉璃瓦覆顶，高起脊上饰以双龙戏珠砖雕，装饰双龙仿佛在凌空舞动。那城门楼均为两层，前面的红漆圆柱在阳光照耀下闪闪发光。城门楼高约133米，气势磅礴。而在冀州城东边，则是一片波光粼粼，真可谓是"满城风光丰城湖，三分秀色二分水"！鲁班兄妹不由得赞叹道："好美！好美！九州之首——冀州城。"

可是，他发现南城门的西南处只有好大一片场地，光秃秃的似乎少了点什么，鲁班眉头一皱，计上心来，他想在此修建一座摩天塔来锦上添花，于是他俯耳对妹妹低语道："我有建一座摩天塔的打算。"妹妹欣然点头，说："哥哥，要不这样吧，你看这冀南大平原一望如碧、一马平川，风景如画，可就是太单调了。你在冀州建塔，我到南宫城也建一座，咱们比比，看谁建得美、建得快。从今天太阳落山开始，鸡叫完工。"鲁班立刻答应，他想，尽管妹妹心灵手巧、聪明伶俐，纺织、刺绣花样多，又好又快。可建塔这力气活儿，她毕竟比不上我男子汉，便满口应允。

说建就建，妹妹继续南行。妹妹刚走，鲁班就动手了，他先张望了一下城墙周围，见有许多堆放的剩砖，随手捡起一小块白灰砖，走进一垛砖堆，口中念念有词，在砖堆上画了白线，然后说声："跟我走。"那一垛垛砖便离开地，跟着他向广场空地飞来。他停下，那砖便也停在他的周围。于是，他一边挥舞锃亮的瓦刀，一边思索，那砖塔很快往上长高。约摸过了两个时辰，那砖塔已巍然耸立，有大半截高了。鲁班因劳累困乏，就想歇息一会儿，便和衣卧

在塔旁睡着了。

话说妹妹走到南宫城西，也开始动手建塔，建到半截高时，她想到冀州看看兄长建的怎样了。说走就走，她纵身一跃，腾云驾雾便到了冀州脚下，远望一个高高的建筑拔地而起。她轻轻走到跟前仔细观看，只见这塔已高33米余、为方锥形，已有六七层，每层南面开了4.3米宽、2米高，圆拱形红漆木门，其他三面开双菱形木窗。塔梯为蜗牛形，半圈在塔内，半圈在塔外，妹妹在心里赞叹道：哥哥真不愧为能工巧匠，果然建得又快又好，这塔还真是挺拔秀丽，超凡脱俗。不过心里又想：还真是英雄所见不谋而合，与我要修的塔还真是如出一辙、同出一图。想到这里，她轻轻绕过兄长，走到塔前，伸出左手在半截高处轻轻绕地一圈儿。然后左手稍用力一推，那上半截塔已稳稳地落在她的右手掌上。她轻托半截高塔，还是纵身一跃，仍腾云驾雾翻回南宫城西，其间虽相距近30千米，眨眼就到了。她先在半截塔基上用手画了一圈，那塔基上便布满了白白的灰泥。她把半截塔放在上面，还真是巧得很，刚好合适。不过为了保险起见，她还是取出几个70多厘米长的大铁锯，把两截塔锯牢固。她微微一笑，似乎听到了雄鸡叫晓。

当她再返冀州时，哥哥还在梦中。等鲁班梦醒揉眼看那塔时，耳边响起了妹妹银铃般的笑声。憨厚的哥哥早已心知肚明，知道是妹妹做了手脚，不过他一向疼爱妹妹，也就装作不知道。

于是，冀州城里留下了一座半截摩天塔，也留下了鲁班兄妹在冀南月夜修塔的美丽传说。

龙华寺的传说

相传三国时期，西域康居国的大丞相有一长子，单名叫会。他不恋富贵，看破红尘，立志出家当和尚，人称"康僧会"，康僧会秉承佛旨，来到中华弘传佛法，广结善缘，他东游于上海、苏州一带。一日，来到龙华荡，见这里水天一色，碧波荡漾，认为是块修行宝地，便决定在这里结庐而居。他不知道，这里之所以景致幽静不凡，是因为广泽龙王在这兴建了龙宫。广泽龙王见来了个和尚，心中很不高兴。一时起了恶念，要兴风起雾，掀翻和尚的草庐，把和尚吓走。可是龙王突然发现草庐上放射出一道金光，上有五彩祥云，龙王吃了一惊，他靠近一看，见康僧会神色端详，正在打坐诵经。龙王听了一会儿，被和尚所诵的佛旨所感动，他不仅打消了原来的恶念，还走上前对康僧会说自己愿回东海去住，把龙宫让给康僧会，用来兴建

梵宇。康僧会接受了龙王的好意，并将龙宫改建成龙华寺，还专程赶到南京拜会吴国君主孙权，请他帮助建造佛塔，好安置自己所请到的佛舍利。就这样，龙华寺中又新建了13座佛塔、安放了13颗佛舍利。

　　据说，康僧会还做过一件至今对上海乃至周边地区影响深远的事，那就是他曾在龙华寺附近设立"沪生堂"，传授从印度流传过来的制糖之法，造福当地百姓。

独乐寺塔的传说

关于独乐寺白塔，蓟县流传着一个动人的民间传说。

古时候，有户人家为了给病重的儿子冲喜，给他娶了门媳妇。这媳妇很是贤惠勤劳，但过门不久，丈夫就死了。婆婆非常蛮横，对媳妇百般挑剔，不是打就是骂，媳妇忍气吞声，每天还要到很远的地方去挑水。一天，媳妇挑水回来，婆婆嫌她去的时间长了，就狠狠打了她一顿，还口口声声地嚷着要把她赶出家门。

媳妇心中委屈，一边走一边哭。忽然看见前边不远处站着一位白须白眉的老者，老者问她为什么哭，她就把自己的遭遇说了。老者叹了口气，从袖中取出一支鞭子说："这支鞭子通着海眼，你回家去，把鞭子放进缸里，正转三圈，倒转三圈，水缸就满了。"媳妇一听，对老者感激不尽，刚要跪下谢恩，老者已经不见了。

媳妇回到家中一试，果然灵验。不料，这时婆婆领着个凶神恶煞的人走了进来，原来婆婆真的把她卖了。婆婆一见媳妇手中的神鞭，就劈手抢了过去，可是缸里的水还是向外涌。媳妇心中一慌，也忘了怎么停水了。眼看着水不停地往外冒，大街小巷全是有水了，整个县城都快要被淹没了。媳妇急忙拨下铁锅扣在缸上，自己又坐了上去。这时，水涨，缸也长，好不容易水才停住，再一看媳妇，她也变成石头人了。

蓟县人为了纪念这个心地善良、拯救乡亲的好媳妇，就为她修建了这座白塔。

全球十大奇险建筑之——悬空寺

全球著名杂志《时代》周刊刊载了世界上看似"岌岌可危"的奇险建筑，北岳恒山悬空寺与"全球倾斜度最大的人工建筑"阿联酋首都——阿布扎比市的"首都之门"、希腊米特奥拉修道院、意大利比萨斜塔等国际知名建筑同列榜中，引起了国内外的广泛关注。

悬空寺位于山西省浑源县北岳恒山金龙峡翠屏峰的悬崖峭壁间，始建于北魏后期，迄今已有1500多年的历史，是国内现存最早、保存最完好的高空木构摩崖建筑，也是国内唯一真正将儒释道三教合一的独特古建筑，早在1982年就被国务院公布为首批国家级重点文物保护单位，为恒山十八景中"第一胜景"。

独特的建筑特色和匪夷所思的人类智慧使悬空寺这一古老华夏文明的奇葩熠熠生辉。整座寺院上载危崖，下临深谷，背岩依龛，以"奇、险、巧、奥"为基本特色，体现在建筑之奇、结构之巧、选址之险、文化

多元、内涵深奥，建寺初衷可谓超常脱俗，实为世界一绝。四十间殿楼的分布，对称中有变化，分散中有联络，曲折回环，虚实相生，小巧玲珑，布局紧凑，错落相依。整体格局既不同于平川寺院的中轴突出、左右对称，也不同于山地宫观依山势逐步升高，而是巧依崖壁凹凸，顺其自然，凌空而构。远望，悬空寺像一幅玲珑剔透的浮雕，镶嵌在万仞峭壁间；近看，殿阁撺掇大有凌空欲飞之势，令人叹为观止。古代劳动人民究竟倾注了怎样的智慧才得以成就这一集建筑学、力学、美学、宗教学等为一体的伟大建筑，至今仍吸引着众多学者、观瞻者们探究、求索的目光。

此次上榜的全球十大最奇险建筑中，建造年代较早的意大利比萨斜塔修建于公元1173年，德国利希腾斯坦城堡始建于公元11世纪，而建造于南北朝时期北魏的悬空寺比之早了700多年。尤其悬空寺历经1500多年风雨、地震等灾害的侵袭，依旧保存完好，的确是华夏文明的奇迹。

永乐宫不同寻常的"乔迁"经历

难以想象，现在的永乐宫如此完整的建筑群和精彩的壁画，其实并非坐落在原址上，而是几十年前"离乡别井"迁移过来的。

原来，永乐宫有一段"乔迁"的特殊经历。永乐宫原址位于山西省芮城西南的黄河北岸，相传该地是"八仙"之一吕洞宾的家乡。1959年，那里要修建三门峡水库，永乐宫正好位于计划中的蓄水区，水库建成后它将成为淹没在深水之下的"海底龙宫"。

当时，来自全国各地的"现代鲁班"们，仔细研究了如何将这近1000平方米的壁画完好地搬走重建。之后，他们决定先拆几座宫殿的屋顶，再采用特殊的人力拉锯法，用锯片极细微地将附有壁画的墙壁逐块锯下。一共锯出了550多块，每一块都划上记号。再以同样的锯法，把牢固地附在墙上的壁画分出来，使之与墙面分离，然后全部划上记号，放入垫满了厚棉胎的木箱之中。墙壁、壁画薄片和其他构件，用汽车、骡车、马车等交通工具逐步运到中条山麓，先重建宫殿，在墙的内壁上新铺上一层木板，再逐片将壁画贴上，最后由画师将壁画加以仔细修饰。

这项曾经被形容为"神仙也不容易办到"的工程，经过近5年的时间终告完成。重建后的永乐宫里壁画上的切缝几乎小得难以辨别，完美地保留了这幅壁画杰作的旷世神韵，真是令人难以置信！

潭柘寺寺名的传说

关于潭柘寺的寺名有这样一个传说：当年，佛教华严宗高僧华严和尚居住在幽州城北，"持《华严经》以为净业"，"其所诵时，一城皆闻之，如在庭庑之下"。很多信徒踊跃捐资，助其在幽州开山立宗，所以华严祖师就去找当时的幽州都督张仁愿，向其求取建寺之地，张仁愿随华严祖师来到了潭柘山嘉福寺附近西坡姜家和东沟刘家的区域，张仁愿对华严祖师说："这是有主之地，我也不好擅自做主。"于是就把姜姓和刘姓地主一起找来协商，两个地主本不想给，但看在张仁愿的面子上对华严祖师说："和尚想要多少土地？不可太多，太多的话我们以后就没有饭吃了。"华严祖师知道他们都是当地数一数

二的大地主，良田无数。便取出盖自己蒲团的毯子对二人道："不多不多，两位施主可否割这一毯之地给我？"姜姓和刘姓地主一看只有这巴掌大的一块毯子，忙不迭地答应，并且请张仁愿做中间人。华严祖师见张仁愿答应了做中间人，就把手中的布毯往空中一抛，只见布毯在空中越来越大且迟迟不落地，众人目瞪口呆，不一会，布毯已经大到遮天蔽日，两地主面如土色的喊："够了，够了！请大师慈悲，不要再让它大了！"华严祖师含笑看了二人一眼说："落！"毯子瞬间便落了下来，直直盖住了好几座大山。张仁愿对两人道："这一毯之地就让与华严大师，二位可不要反悔。"二人一看真佛在此，哪敢反悔。

于是华严祖师就在此地以破败了的嘉福寺为中心，重建寺庙，修筑殿宇，扩建寺院。因寺院后山有两股泉水，一眼名为龙泉，一眼名为泓泉，两股泉水在后山的龙潭合流后，流经寺院，向南流去，不仅满足了寺院日常的生活用水，而且还可灌溉附近大片的农田，故华严大师命名此寺为"龙泉寺"。但华严祖师以一毯之地建寺的广大神通却广为流传，当地人都私下称此寺为"毯遮寺"。后经千年，"毯遮寺"逐渐演变为"潭柘寺"。

"塔尔寺" 名称的由来

　　塔尔寺的由来，还得从藏传佛教格鲁派（黄教，俗称喇嘛教）的创始人宗喀巴说起。相传宗喀巴于1357年藏历10月10日诞生在"宗喀"（今青海省湟中县塔尔寺），故人们尊称他为"宗喀巴"。宗喀巴从小聪明过人，3岁进夏宗寺受近事戒。7岁入夏琼寺受沙弥戒，在此随高僧端智仁青学经9年，16岁离开夏琼寺徒步赴卫藏学法，后来到后藏，朝拜各派名寺，遍访高僧名师，刻苦研习法学，29岁在雅隆地区南杰拉康寺受比丘戒。34岁对佛教密乘教典、灌顶诸法均有很深的造诣，并到处讲经讲法，在佛教界乃至社会上的地位不断升高。他于1401年和1406年分别撰写了《菩提道次第广论》和《密宗道次第广论》，奠定了他创立格鲁派的理论思想基础。他一生中的著作达170多卷。

　　宗喀巴离家赴藏一心学法多年，其母香萨阿切思儿心切，让人捎去自己的一束白发，意在告诉他老母已白发苍苍，希望他能回家见一面。宗喀巴忠实于佛教事业决意不回，给母亲和姐姐各捎去一幅用自己的鼻血画成的自画像和狮

子吼佛像，并在信中写道："若能在我出生地点用10万狮子吼佛像和菩提树为胎藏，修建一座佛塔，就如同见到我一样。"1379年，其母与众信徒按宗喀巴的意愿，用石片砌成一座莲聚塔，这便是塔尔寺最早的建筑物。1577年在此塔旁建了一座明制汉式佛殿，称弥勒殿。由于先有塔，尔后才有寺，安多地区的汉族群众便将二者合称为"塔尔寺"。

河北赵县永通桥传说

　　永通桥的桥面上，还能看到几道车轧形成的小沟壑、毛驴的蹄印以及一个浅浅的膝盖印。这里流传着一个有趣的传说。相传古时候有一位能工巧匠名叫鲁班，一夜之间，在赵州城南郊河上建成了一座大石桥。仙人张果老听说后，便骑上毛驴前来观看，路上遇到柴王爷推车，赵匡胤拉车，于是三人一同来到郊河畔观桥。看过赵州桥后，三人无不暗暗惊叹鲁班的精湛技艺。为考验鲁班，张果老与鲁班打赌，如果他们三位能顺利过桥，而桥不倒，从此便倒骑毛驴。

　　三人走上桥时，张果老转身施法，聚来日月星辰，装入身上的褡裢里，柴王爷和赵匡胤也运用法术聚来了五岳名山，悄悄放在了独轮车上，由于载重猛增，三人还没有走上桥顶，大桥就经受不住，开始摇晃起来。鲁班见状，急忙跳下河去，举起一只手，用尽全力托住桥身，大桥才转危为安。张果老当面认输，从此开始倒骑毛驴。而桥面上也留下了车轮印和毛驴的蹄印，以及柴王爷滑倒后留下的膝盖印。在桥的拱顶东侧底面，鲁班用力托桥身时，还留下一只大手印。

风雨桥的传说

　　风雨桥，又称"花桥""回龙桥"，是侗族最具特色的民族建筑之一。侗寨多修在河溪两旁，跨水而居，故出现了石拱桥、石板桥等，而最具民族特色的便是风雨桥。

　　风雨桥的整个桥身不用一钉一铆或其他铁件，皆以质地好、耐力强的杉木凿榫衔接。风雨桥集桥、廊、亭、塔、楼、阁的建筑特色于一体。桥状似长廊，两侧有凳，遭风遇雨，行人可以在上面躲避，故名"风雨桥"。关于风雨桥的来历，还有这样一段美丽的传说。

　　古时候，侗族的人们都住在半山坡上，其中有一个小山寨，只有十几户人家。山寨里有个后生，名叫布卡，妻子名叫培冠。夫妻俩十分恩爱，形影不离。两人干活回来，一个挑柴，一个担草，一个扛锄，一个牵牛，总是前后相随。这培冠长得十分漂亮，夫妻两人过桥时，河里的鱼儿也羡慕地跃出水面来看他们。

　　一天早晨，河水突然猛涨。布卡夫妇急着去西山干活，也顾不了许多，同时往寨前的小木桥走去。正当他们走到桥中心，忽然刮来一阵大风，将培冠刮落河中。布卡睁眼一看，妻子不见了，他就一

头跳进水里，潜到河底。可是，来回找了几圈都没有找到。乡亲们知道了，也纷纷赶来帮他寻找，可是找了很长时间，还是没有找到培冠。

原来河湾深处有一个螃蟹精，它把培冠卷进河底的岩洞里去了。螃蟹精变成了一个漂亮的后生，要培冠做他的老婆，培冠不依，还打了他一巴掌。他马上露出凶相威胁培冠。培冠大哭大骂，哭骂的声音从河底传到了上游一条花龙的耳朵里。

这时风雨交加，浪涛滚滚，只见浪头里现出一条花龙。花龙在水面上打了一个圈，向河底冲去。顿时，河底"骨碌碌骨碌碌"的响声不断传来，大漩涡一个接一个飞转不停。原来花龙是在与螃蟹精展开大战。经过一番厮杀，花龙终于打败螃蟹精，救出了培冠。

上岸以后，培冠对布卡说："多亏花龙搭救啊！"大家这才知道是花龙救了她，都很感激花龙。这时，花龙已往上游飞去了，还不时向人们频频点头。

这件事很快传遍了整个侗乡。大家把靠近水面的小木桥改建成空中长廊似的大木桥，还在大桥的四条中柱刻上花龙的图案，祝愿花龙长在。空中长廊式的大木桥建成以后，人们举行了隆重的庆贺典礼，非常热闹。这时，天空中彩云飘来，形如长龙，霞光万道，众人细看时，正是花龙回来看望大家。因此后人称这座桥为"回龙桥"。有的地方也叫"花桥"，又因桥上能避风躲雨，所以又叫"风雨桥"。

望京楼

望京楼怎样建立起来，你知道吗？事情还得从明潞王说起。

潞王是明朝万历皇帝的胞弟，他在朝中欺男霸女，被贬到卫辉。一次潞王到卫辉郊外打猎，跑了整整一上午，跑得腹中饥饿，躺在地上再也不想动了，说是害了病了。他的随从在附近的小摊上帮他拿了一块年糕。潞王一吃病就好了，还连夸这年糕神奇。回到府内，潞王想，我得把这好吃的年糕送给我母亲，让她老人家也尝尝。他的想法已定，便让部下写了一张告示，每户在三天之内，交纳年糕十大船。于是潞王便派专差，把年糕从古城卫辉由水路通过天津运往北京。时值春天，从卫辉运到北京，已将近五月，所运的年糕，全部臭气熏天。潞王的母亲一看，大放悲声，我儿在卫辉生活的真苦，吃的全是些臭气熏天的东西。她忙叫人打开国库，抬出金银财宝，装了满满十船运往卫辉。潞王得到银两之后，思母之心更加迫切，于是决定建一座很高很高的楼，以便自己在卫辉就能望到北京。这就是我们今天所看到的望京楼。

八字桥的传说

兴化的八字桥，是由八块石头组成的一座石板桥，因形状像"八"字而得名。又因桥长不过八步，也有人称其为"八步桥"。

桥下的河只不过是一条穿城而过的河沟，河东有一座东岳庙，北面是东寺桥，桥西有一条老街。很早以前还没有修建八字桥的时候，河东面的人若想到老街转一圈是非常不方便的。

老街上住着一位姓杨的老人。他的头发、胡子全白了，身体却非常硬朗，没有人知道他的真实年纪。他有一手刻章的好本领，并经常做善事。每天一早，他就在门口支起一口大锅，煮上一锅稀饭接济周边的穷人。因其乐善好施，找他刻章的人也特别多。

一天晚上，门前来了八个人，七男一女。领头的是一个骨瘦如柴的老头，倒骑着毛驴对姓杨的老人说："我们一天没有吃饭了，能不能施舍给我们一点稀饭。"老人忙放下手中的活计对他们说："好的，你们稍等片刻，我这就去准备饭去，大家请先进来歇歇。"老人把家里所有能吃的东西都拿出来放在桌上请那八个人吃。那八个人也不客气，一顿狼吞虎咽。其中一个女的对老人说："老人家，我们吃你的东西，身上没有带银子，您看我们可以帮您做什么事情呢？"老人乐呵呵地说："只要你们吃饱了就行，莫提银子。天也不早

了，你们今天就住我这里吧。"

第二天一早，老人和往常一样支起大锅烧起了稀饭，那八个人也早早地起来在一旁，看着老人一碗一碗的给穷人盛稀饭。八个人中有一个是身背酒壶的拐子，笑眯眯地对老人说："老人家，你为什么要接济那些穷人呢？"老人叹了口气说："这

些年，灾荒不断，他们都很可怜。我反正是一个人，能帮助他们我已经很开心了。就是可怜河东面的人了，他们一大早要转一圈才能转到我这里。要是我这里有座桥就好了，那他们就能直接过来了。"拐子哈哈大笑起来，说："老人家，这事包在我们身上。"只见八个人像变魔术一样，手一招从天上落下八块石头，不偏不歪正好建成一座八字桥。老人刚想看个明白，忽然飞来八朵祥云，八个人向老人挥了挥手，登上祥云飘走了。从此，人们便称八字桥为"八仙桥"。

过了几年，穷人们发现姓杨的老人走了，也不知去了什么地方。有人说他被神仙带走了，到仙界去了。穷人们忘不了老人的恩德，在八仙桥下修建了一座小庙纪念他。因老人以刻字为生，所以人们将八仙桥改名为"八字桥"。

邯郸"学步桥"的来历

学步桥位于河北省邯郸市区北关街、沁河公园西段,原为木桥结构,因常被水冲毁,于明万历四十五年(1617)改建为拱券型石桥。桥身长32米,桥面宽9米,高8米,两旁各有19块拦板和18根望柱,均雕有历史人物故事和精美的狮子、猴子等动物。桥下设有三个大桥孔,桥孔两侧附设四个小孔,桥孔中心处雕有俯视的龙头。桥的规模虽不大,但结构坚固,造型美观,具有民族桥梁建筑的艺术风格。古桥旁边立着一个年轻小伙子在一对步履优雅的足迹后爬行的石雕,它逼真地描绘了"邯郸学步"这一典故,这座桥也因此得名。唐代大诗人李白曾有"寿陵失本步,笑煞邯郸人"的诗句。

罗汉寺的传说

　　地处多宝上游12千米处的"罗汉寺"，天门人都耳熟能详，不仅如此，就是在湖北省地图上，也能找到它的标示。

　　传说清朝末年，汉江北岸有一个叫作刘家台的村子，村里有一座庙，庙里供奉着很多泥塑的罗汉，人们就把这庙称为"罗汉寺"。寺里有一个小和尚，他日出撞钟焚香，日落打坐安歇，把这寺庙打理得颇有些神光紫气。周围的人们经常都会到庙里来焚香许愿，据说倒真还有些灵气。这样一传十，十传百，罗汉寺便声名大振。于是汉江两岸方圆几十里的人都纷纷前来罗汉寺烧香拜佛，特别是每月初一、十五，赶来磕头许愿的人更是络绎不绝。因而人们就把到刘家台求神拜佛说成了"赶罗汉寺"。久而久之，"刘家台"的名字便被岁月湮没，而"罗汉寺"则被推上了历史舞台。

　　罗汉寺神灵的威名大震之后，小和尚却突然病逝，从此寺庙便没人打理了。后因年久失修，罗汉寺慢慢地在废弃中坍塌，只剩下它的遗址在那里回顾着历史。

　　罗汉寺地处几县交汇地，又临汉江，战乱时期，可以说是兵家必争之地。抗日战争时期，日军在进犯沙洋镇时，就屯兵于罗汉寺。在罗汉寺下游3千米处的万人坑，就是日寇冒天下之大不韪的铁证。当后人来到这里凭吊亡灵的时候，人们就不能不想到罗汉寺，因为它肩负着见证民恨国耻的重任！

　　新中国成立以后，政府在这里修起了一座灌溉闸，名字叫作"罗汉寺闸"。焕发青春的罗汉寺，它扼住的是天门、汉川两县100多万亩农田的水利命脉，责任重大的罗汉寺，它又肩负起了国家发展、民族振兴的历史使命。

　　现在，倒是罗汉寺的对岸，在沙洋县管辖的地方，又新修起了一座罗汉寺。

福州涌泉寺的传说

传说很久以前，鼓山原名"白云峰"。山上住着不少人家，男耕女织，日子过得安闲自在。谁知有一天突然来了一条恶龙，经常出来残害生灵，把白云峰糟蹋得不成样子。后来有一对年轻夫妇，练就了一身好武艺，将恶龙打得左翻右滚，乡亲们也拿起锄头赶来助阵，恶龙见势不妙，便张开血盆大口，从大鼻孔里喷出两道毒气。人们纷纷中毒晕死过去，就在这时，那位女子生下一个男孩。正当毒龙准备猛扑过去时，突然天外传来喝声："毒龙休得作孽！"原来是观音菩萨显灵，恶龙连忙抖了抖尾巴逃跑了。观音便把唯一幸存的小男孩带回了南海。10年后，观音把小男孩送到了雪峰寺。一晃23年过去了，小男孩皈依佛门，法号神晏。33岁这年，神晏遵照观音大师的吩咐，到白云峰建庙另立宗支。

神晏到了白云峰，满眼尽是荒山秃岭，一阵风吹过，山上岩石"咚咚"作响。从此，白云峰被改称为"鼓山"。神晏多次在此建庙，都被山上涌

出来的泉水冲垮了。他好生苦恼，为了不违拗观音的嘱咐，他向土地爷询问原因。土地爷说："这是因为一条妖龙占地为王，兴妖作怪，不让你在此修建庙宇。"神晏知道缘由后，决定驱赶恶龙。恶龙岂肯善罢甘休，它与神晏展开了一场恶斗。

双方大斗三百回合仍不分胜负。神晏心想，既然用武力制服不了它，就应该智斗。他跳出战斗圈，喝道："恶龙住手，你不肯让地，我也不勉强，你能不能把地暂借我一用？我只借一夜，三更借地，五更还。"恶龙此时也有些招架不住了，听说只是借地一个晚上，便以为无关紧要，于是一口答应。恶龙对神晏说："和尚，一定要守信啊！我去睡了。"神晏说："出家人不打诳语，你去睡吧，听到打五更，你醒来，我就还地。"妖龙一会儿便睡着了，神晏马上派人动工建庙，并交代打更的小和尚说，在这里只许打三更、四更，不准打五更。果然这条妖龙一直睡在那里。1年后，寺庙建好了，神晏招纳各地的和尚上鼓山寺院居住。每日照常诵经拜佛，和尚打更都只打三更和四更，不打五更。妖龙没有听到五更声，继续大睡，也不起来要地了。

有一天，福州一个大官来鼓山游览，听到此传说，有意命令和尚打五更钟。小和尚不敢违命，只好打了五更，更声刚落地，突然山窝里一声巨响，酣睡的恶龙醒来了。这下可不得了，它见老窝被占，责怪神晏和尚不守信用，突然喷出龙泉，要冲走庙宇。神晏经过几年修行，法术也更加高明，便搬来13橱御赐藏经，卡住龙口，龙口便吐不出水来了。神晏和妖龙又进行了一场恶斗，最终神晏打败了妖龙，保住了寺庙。而那大官被最先喷出的龙泉水冲进了山沟里。从那时起，鼓山这座大寺庙，便被命名为"涌泉寺"。

直到现在，鼓山仍只打四更，不打五更。这就是涌泉寺"钟声远送十里，唯独不打五更"的来历。

贵州镇远祝圣桥

　　祝圣桥位于贵州省镇远县城东中河山，始建于明洪武年间。说到这座桥，还和一代宗师张三丰有关。据说，修这座桥的时候，给桥墩下脚就碰到了难题：河底淤泥太厚，挖不到底。工匠们苦苦思索，也没有想出好办法，工程停下多日。张三丰见了，却哈哈大笑，说："基脚挖成这样，已经行了，只是差一样东西垫在下面。"张三丰找了个竹篮，去到街上买了一篮豆腐，晚上来到桥基的地方，往每个基脚坑里撒了一些豆腐，口中还念念有词。第二天，众人出工来到工地，往基坑一看，不禁大吃一惊！原来基坑底是整块的大青石，稳稳当当。于是工匠们就在青石上砌上了桥墩，所以镇远人都说祝圣桥是张三丰用豆腐垫的底。

武汉石榴花塔

石榴花塔位于湖北省武汉市龟山南麓的汉阳公园内，属于楼阁式塔。全塔用青石砌成，六角，三层。高4米。塔檐飞展，造型秀丽。塔的第三层正面刻"石榴花塔"四字匾额。

相传宋时，汉阳有个三口之家，姑嫂之间时常因为侍奉老母发生口角。一天，儿媳为了孝顺婆婆，杀了一只鸡，做好之后，还没来得及奉给婆婆，小姑的野汉子来了，他趁儿媳出厨房的时候，把毒药下在了鸡汤里。婆婆吃后便身亡了。野汉子和小姑子串通，诬告嫂嫂毒死婆婆。儿媳被判死罪却无处申诉，只得含恨而死。临刑前，她折了一枝石榴花插在石罅之内说："如果真的是我毒死了婆婆，此枝即枯死。如果是冤枉，不是我毒死的，此枝即复生，重发榴花。"不久后，榴枝果然复生，枝繁叶茂，花红似火，果实累累。人们这才知道此案是冤案。为了纪念儿媳，人们在石榴树旁建了这座塔。

西安大雁塔的传说

　　古城西安南郊，有一座宽敞的寺院，名叫"慈恩寺"。寺内，一座气势雄伟的七层砖塔拔地而起，巍然屹立，这就是著名的大雁塔。提起这座塔，还有不少有趣的神话传说呢！

　　这座寺院是唐高宗李治当太子时，为纪念他的母亲文德皇后而修建的。起初寺内并没有塔，住在寺里的和尚，每日伴着晨钟暮鼓苦苦修行，很久没有尝过雁、鹿、犊三种肉的滋味了。有些奉戒不谨的僧人馋得直流口水。一天清晨，西北风呼呼地刮着，满地黄叶随风翻卷，寺院里显得分外冷清。一名小和尚给文殊菩萨像前的油灯加满油，刚刚裹紧袍子，走出殿门，一阵寒风便扑面而来，小和尚眼前一黑，打了个趔趄，几乎跌倒在石阶上。这位小和尚自打出家以来，别说没沾过荤腥，就连粗茶淡饭也是饥一顿，饱一顿，食不果腹。这些天来，寺中缺柴少米，小和尚早已饿得四肢发软，有气无力，又遇到这冷风一吹，自然是寒气彻骨，眼冒金星，若不是顺势扶住身旁的菩提树，真会跌个头破血流呢！面对这清苦的寺院生活，想起幼时母亲的慈爱，小和尚两行热泪不禁簌簌流下。

　　这时，忽然天空传来一阵大雁的鸣叫声。小和尚抬头一看，只见两行大雁排成一个"人"字形，扑扑地朝东南方向飞去。小和尚目不转睛地望着雁群，自言自语地说："今天师兄师弟们没有食物充饥，菩萨如果有灵是应当知道的。"话音刚落，奇迹发生了：只见一只大雁退出了飞行的队伍，悲鸣数声，仿佛是向自己的同伴告别，然后从长空直落而下，纵身死在了小和尚面前。小和尚顿时惊呆了，他飞也似的跑到殿前，听了小和尚的陈述，遥望天空快要消逝的雁群，再看看脚下余温尚存的坠雁，和尚们有的嘘唏不止，有的潸然泪下。随后，他们便建塔葬雁，以示纪念，并取名为"大雁塔"。大雁塔已有1300多年的历史，虽经风雨剥蚀，但风貌依旧。这个大雁舍身而死的故事，也一直流传到今天。

张岱与烟雨楼

　　张岱年轻时生活奢华。他喜欢游历，到过辽宁、河北、山东、安徽、湖北、江西等省，也到过北京。江浙一带更是他经常盘桓的地方，杭州、苏州、无锡、镇江、扬州、南京，到处有他的足迹；他自然也来嘉兴，而且恐怕不止一回两回，或许这就是他写作《烟雨楼》的根据。

　　张岱是个非常真诚非常实在的人，他讨厌虚伪作假。有人称赞他不虚美，不隐恶，有良史的作风。他替人作墓志铭，不怕唐突墓主，坚持实话实说；即便为亲人作传，也不文过饰非。他说："余生平不喜作谀墓文，间有作者，必期酷肖其人，故多不惬人意。"他写小品文也这样，坚持有一说一，有二说二，有好说好，有坏说坏。正因为如此，他的文章才真实生动，具有久远的艺术魅力。

　　张岱劈头一句"天下笑之"，意思是，嘉兴人以烟雨楼为骄傲但过了头，

逢人便要夸耀，日子久了，难免为天下人讥笑了。这是不是说，嘉兴人中很有一部分存在着浮夸作风呢？我认为张岱没有说错。证之于今，这样的风气依然不绝如缕，有什么好讳言的呢？

但张岱极为公允，底下一句："然烟雨楼故自佳。"这就是说，不因为嘉兴人的自吹自擂，烟雨楼就贬值了；它的价值客观存在。接下去的大段文字除了描写轻烟雨意、空空蒙蒙的鸳鸯湖及烟雨楼外，主要写了湖上的妓女，以及由妓风带动起来的良家女子的恋爱。读这一节文字，我们可对读张岱的另一篇文章《秦淮河房》。《秦淮河房》劈头就说，"秦淮河房，便寓、便交际、便淫冶，房值甚贵，而寓之者无虚日。"这是说，秦淮河上的妓女，高张艳帜，明码标价，商业气非常之重。以下文字尽管旖旎香艳，流光溢彩，字里行间仍不脱有铜臭腥味。但写鸳鸯湖、烟雨楼的挟妓悠游，绝无此气，而更近似于恋爱幽会，所谓"痴迷忙想，若遇仙缘，哂然言别，不落姓氏"，不正是这种情景的写照吗？至于"倩女离魂，文君新寡，亦效颦为之。"照张岱的说法，这是由上述那种近似恋爱的妓风带动起来的。事实上恐怕也的确是这样的。这倒反而证明，嘉兴自古——至少明清以来风气较为开化，去鸳鸯湖自由恋爱并不被认为是一桩丢丑的事情。张岱最后说："淫靡之事，出于风韵，习俗之恶，愈出愈奇。"风韵多指女子的姿态优美；淫靡之事，主要出于对所爱女子的爱恋。再有"愈出愈奇"的"奇"字。能说不包含一点点欣赏的成分吗？其实以张岱的阅历，对于鸳鸯湖烟雨楼的近于恋爱的妓风，他是肯定多于否定的。其实，不管妓女也好，良家女子恋爱乃至野合也好，何代不有？何地不有？嘉兴人大可不必以为蒙羞，甚至像陶葆廉，在编《鸳鸯湖小志》时将张岱这篇《烟雨楼》的最后八个字删去。吴藕老说：

"几百年前大江南北已经有了'嘉兴人开口闭口烟雨楼，天下笑之'的说话，可见'烟雨楼'的名望普天之下都晓得了，有什么不好。不过有些嘉兴人经不起前人的取笑，难为情起来。连这位不肯删掉《风怀二百韵》的朱竹土宅先生也未能免俗，在《鸳鸯湖棹歌》一百零七首诗里竟然不提起'烟雨楼'一句，这样做，恐怕太矫揉造作了吧？"吴藕老这么说，显见他的通达，这原是每个嘉兴人都应当有的胸襟。事实上，迟至1936年吴梅来嘉兴拍曲，他在日记中还记录了挟妓游湖的事情。他说："南湖船娘，著名天下。每年七夕，通宵游湖，近有名沈寒蕊者，群推南湖王。色亦可看，侣英招之……公可入夜，包寒蕊彻晓，当别有境地……"

真的，嘉兴人都应该有吴藕汀先生的胸襟。毕竟烟雨楼名满天下，我们应当为之而骄傲啊！

朱元璋与阅江楼

这阅江楼，说起来该是明太祖朱元璋的"遗愿"了。朱元璋平定天下，建都金陵，也就是今天的南京，他觉得功高盖世，得搞一个纪念碑式的"形象工程"传于后世。

一座岳阳楼，一篇《岳阳楼记》，名传千古。这很让朱元璋动心，于是他打算建一座阅江楼，地址就选在狮子山上。他想：登斯楼也，望浩浩荡荡长江东逝水，阅古今，览万里，何其雄哉，何其伟哉！

楼还没建，他就急着下诏让群臣都来学范仲淹写《阅江楼记》，他自己也带头挥毫。最后经评比，他儿子的老师宋濂得了第一名。"诏建楼于巅，与民同游观之乐，遂赐嘉名为阅江楼云"，这篇头名作品后来被选进了《古文观止》。

然而，楼记写好了，朱元璋却一直在梦游，纸上谈"楼"，迟迟没有动工，直到他死去。后代也没有人去实现他的这一遗愿，是什么原因呢？其实就是一个"钱"字。

朱元璋是穷人出身，要过饭，当过小和尚，知道民间疾苦，加上国家初定，百废待兴，用钱的地方很多。他执政30余年，最后也没下定这个决心。

今天的阅江楼是1999年在狮子山上修建的，其整体呈"L"形，站在楼上，南京城的景色尽收眼底。

严嵩与文峰塔

据说明代时，曾官至首辅（相当于宰相）的江西分宜书生严嵩，当初赴京会试时途经常山，因长途跋涉加上苦累饥寒，病倒在塔山庙中，塔山下的詹家太婆闻讯，认为这正好应了自己昨夜"黑龙盘塔"的梦兆，这落难书生，日后必做高官。因此，詹家太婆便与詹太公商量，差人将严嵩抬回家中，请医诊治，悉心照料，严嵩非常感激，恳求二老收自己为义子，发誓日后定报救命之恩，二老本无子嗣，听到严嵩这么说，正中下怀，从此待如己出。不久严嵩康复如初，因考期临近，便拜别二老登程进京，二老又赠给他一笔盘缠。

后来，严嵩果然高中进士甲科，被选入翰林院，授内阁大学士，此后严嵩飞黄腾达，独揽专权，勾结奸党，陷害忠良，贪污受贿，祸国殃民。詹家二老听闻，便渐渐与严嵩疏远。不久后，严嵩因作恶太多，被他人弹劾，削职为民，便一直以乞讨为生，并又来到了常山，后来，常山的一些乞讨伙伴发现此人便是严嵩，便齐心协力将严嵩压死在一堵土墙下面。严嵩从当初的潦倒常山，发迹常山，最后又葬身常山，这正应了一句古话："多行不义必自毙。"这一"黑龙盘塔"的民间历史传说也为文峰塔增添了一层神奇色彩。

张良与遗履桥

张良是汉初三杰之一，汉高祖刘邦手下的重要谋臣，《史记》曾记载了这样一个有关他青年时代的故事。

张良行刺秦始皇失败后，流亡到了下邳，在一座桥上碰到了一位老人，老人把鞋子丢到了桥下，并让张良帮他把鞋子捡起来，等到张良将鞋子捡上来后，老人又让张良帮他把鞋子穿上。鞋子穿好以后老人又把鞋扔到了桥下，如此往复三次，张良都照做了。

老人看到张良孺子可教，于是约定五天后的清晨在桥上相见。可张良五天后去桥上时，老人已经先到了，老人于是责怪张良疏忽怠慢，于是便约定五天后再相见，可第二次张良还是比老人晚到，于是他们又第三次约定五天后相见，第三次张良半夜就过去，终于比老人先到，老人高兴地将奇书传授给了张良，让他研习。后来张良凭借学到的东西辅佐刘邦建立汉朝。相传老人就是世外道家高人黄石公，传授的奇书就是周初姜尚所著的《太公兵法》，"圯桥献履"这个典故也被写进了史书中。

安徽涡阳也有一座遗履桥，那是张良生活过的地方，在石弓镇南侧的包河上，前些年兴修水利时已被拆掉，但遗迹尚存。

秦始皇与秦桥

在晋朝人伏琛的《三齐略记》中，记载了一个关于秦始皇的神话传说：秦始皇巡游到海边，要在海边建一座大桥，通往太阳升起的地方。他命人用石头日夜填海，感动了东海龙王，于是龙王便命令海神帮助秦始皇。海神为他驱石竖柱，架设海桥。秦始皇感恩，要面谢海神。海神因自己相貌丑陋，与始皇约定，相见时不许画他的面形。可秦始皇不守信用，命令花匠在暗中画下了海神的面貌，此举激怒了海神，海神扔下造桥工程，扬长而去。后人用"秦桥"来比喻依靠天神之力建造的大桥。

然而，剥去这个故事的神话色彩，在海边建造跨海大桥，从当时的技术水准来看，是绝对不可能建造一座入海近20千米的石桥的。由于建造技术不过关，这座石桥不久就坍塌了，肆意的海水，将秦桥冲得无影无踪。现在在山东威海市成山头旅游区内，放眼望去，在西南方的海面上，有四块巨石在急流与浪花间时隐时现，忽断忽续，一直绵延到东南方，宛若人工修筑的桥墩。据说这便是当年秦始皇修建秦桥的遗址。

架桥撞名

　　一些地方的彝族有"架桥撞名"的习俗。这个习俗是说如果孩子在1岁之前经常啼哭，就要抱孩子到路上去"撞名"。准备一瓶酒、一只熟鸡、一锅饭、一个小木桥，将酒、鸡、饭放在靠近小沟的地方，把桥搭在小沟上，抱着孩子躲在附近的草丛树林中，一旦发现有20岁以上的男人从小桥上走过，马上就跑出来把他拉住，并扯下他衣服上的一颗纽扣，抱着孩子鞠躬，要求过桥人给孩子取个名字。过桥人则把孩子接到怀中，向东、南、西、北四个方向各拜三次，从此过桥人就成了孩子的干阿爸。拜认完后，大家便在原地生火热鸡、热饭，一起享用，临别时互告姓名、住址，以后经常来往。

北京射击馆"六最"

最全

北京射击馆是目前国内规模最大、靶位数
最多、项目最全的全天候射击比赛场馆。设
有50米靶位80组，25米靶位14组，10米气枪
靶位96组，10米移动靶位6组。还有10个决赛
套用比赛靶位。

最长

资格赛馆二层、三层观众休息厅东西方向有长达256.8米的贯通(无柱) 室
内空间，是目前国内最长的体育建筑室内空间，能让每个射击运动员都拥有
同等条件的比赛空间。另外，无柱大厅也让每个位置的观众都能无障碍地看到
比赛。

最神奇的预应力

北京射击馆资格赛馆二层比赛区域采用了目前为止国内同类结构中最大跨
度的单向预应力空心楼板，厚度为0.7米。这一技术不仅成功地实现了大跨度室
内无柱的比赛场地，还赋予了场馆楼板非常良好的防震动效果。

最先进的比赛计时记分系统

射击馆各赛场安装的"电子靶计时记分系统"是目前世界上最先进的射击
比赛计时记分系统。该系统采用超声波定位技术与多媒体信息技术，能自动采集射击信息，精确记分，实时统计、显示各靶位的射击分数。决赛馆电子靶计时记分系统还能实时显示各靶位射击的弹着点。其成绩统计精确度、保留信息的完整度都是目前全世界同类场馆中最先进的。

最避音

射击馆设备间的楼板采用浮筑楼板：防止固体声的传播；设备间墙体采用双面双层轻钢龙骨石膏板隔墙，内填空腔和吸声材料，能够隔绝噪音达到53分贝；设备间的门窗均采用隔声门和隔声窗。即使屋外下大雨，观众在室内也听不到。射击馆外墙所采用的清水混凝土板设计也能起到隔声、隔热的作用。由于在挂板与保温层之间能够形成约0.4米厚的空气层，有利于墙体的保温与隔声。

最会呼吸的奥运场馆

资格赛馆是国内首个半封闭、半开敞的全空调比赛空间。其外层幕墙与楼面之间设置了铝合金开窗，外侧幕墙上下两端分别设置了通风口，上面为排风口、下面为进风口。在双层幕墙之间安装有温度感应装置，可以根据温度的变化把冷风和热风与室内空气进行交换，实现了室内的全空调环境。

中国建筑的世界之最

世界上最长的人造建筑——中国万里长城

长城是古代中国在不同时期为抵御塞北游牧部落联盟的侵袭而修筑的规模浩大的军事工程的统称。长城东西绵延上万里，因此又被称作"万里长城"。现存的长城遗迹主要为始建于14世纪的明长城，西起嘉峪关，东至辽东虎山，全长8851.8千米，平均高6～7米、宽4～5米。长城是我国古代劳动人民创造的伟大奇迹，是中国悠久历史的见证。它与天安门、兵马俑一起被世人视为中国的象征。

雄伟壮观的万里长城横穿中国北方的崇山峻岭之巅，始建于春秋战国。它是人类建筑史上罕见的古代军事防御工程，它以悠久的历史、浩大的工程、雄伟的气魄著称于世，被联合国教科文组织列入"世界遗产名录"，被誉为"世界第八大奇迹"。

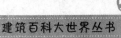
世界上最大的古建筑群——北京故宫

故宫位于北京市中心，旧称"紫禁城"。是明、清两代的皇宫，无与伦比的古代建筑杰作，世界现存最大、最完整的木质结构的古建筑群。有24位皇帝相继在此登基执政。始建于1406年，至今已近600年。

故宫的建筑依据其布局与功用分为外朝与内廷两大部分。外朝与内廷以乾清门为界，乾清门以南为外朝，以北为内廷。故宫外朝、内廷的建筑气氛迥然不同。

外朝以太和殿、中和殿、保和殿三大殿为中心，其中三大殿中的太和殿俗称"金銮殿"，也称"前朝"，是封建皇帝行使权力、举行盛典的地方。此外两翼东有文华殿、文渊阁、上驷院、南三所；西有武英殿、内务府等建筑。

内廷以乾清宫、交泰殿、坤宁宫后三宫为中心，两翼为养心殿、东六宫、西六宫、斋宫、毓庆宫，后有御花园，是封建帝王与后妃居住之所。内廷东部

的宁寿宫是为当年乾隆皇帝退位后养老而修建的。

故宫是世界上现存规模最大、最完整的古代木构建筑群，占地72万平方米，建筑面积约为15万平方米，拥有殿宇9000多间。故宫红墙黄瓦，金扉朱楹，白玉雕栏，宫阙重叠，巍峨壮观，是中国古建筑中的精华。宫内现收藏珍贵历代文物和艺术品约100万件。1987年12月被列入《世界遗产名录》。

世界上最大的会堂式建筑——北京人民大会堂

人民大会堂位于北京市中心天安门广场西侧，西长安街南侧。人民大会堂是中国全国人民代表大会开会的地方，是全国人民代表大会和全国人大常委会的办公场所，是党、国家和各人民团体举行政治活动的重要场所，也是中国国家领导人和人民群众举行政治、外交、文化活动的场所。人民大会堂坐西朝东，南北长336米，东西宽206米，高46.5米，占地面积为15万平方米，建筑面积为17.18万平方米，比故宫的全部建筑面积还要大。

人民大会堂创造了一个建筑史上的奇迹，1958年10月底动工兴建，1959年8月竣工，从设计到建成仅用了1年时间。

整组建筑平面呈"山"字形，正面墙呈"弓"字形。中部是著名的万人大会堂，会场呈扇形，共三层，可容纳10000人进行的大型会议。穹隆形的顶篷纵横排列着500个灯孔，顶部为巨大的红五角星，周围是葵花环及三层水波形灯槽。北部是面积为7000平方米的宴会厅。南部是人大办公楼，包括以全国各个省、市、自治区、行政特区命名的各具地方特色的会议厅。

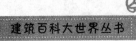
世界上最大的单一建筑工程——三峡水利枢纽

长江三峡水利枢纽工程，简称"三峡工程"，是中国长江中上游段建设的大型水利工程项目。分布在中国重庆市到湖北省宜昌市的长江干流上，大坝位于三峡西陵峡内的宜昌市夷陵区三斗坪，并和其下游不远的葛洲坝水电站形成梯级调度电站。它是世界上规模最大的水电站，也是中国有史以来建设的最大型的工程项目。

三峡工程包括两岸非溢流坝在内，总长2335米。泄流坝段长483米，水电站机组70万千瓦×26台。

中西方园林文化的差异

　　随着生产力的发展，人们对生活空间质量的要求也随之提高，于是园林作为一门与生活息息相关的艺术就此诞生了。

　　园林艺术可以说是一种贵族艺术，与平民百姓没有太大关系，多为统治阶级的奢侈消费品，所以园林艺术与统治阶级的审美趣味与世界观息息相关，这也造就了中西方园林艺术的差异。17世纪，法国耶稣会传教士李明对比中国和欧洲的城市和园林后，曾形象地说："中国的城市是方方正正的，而园林则是曲曲折折；法国正好相反，城市街道曲曲折折，而园林则是方方正正。这正是中西园林艺术的一大显著差别。"

　　中国封建王朝的统治者为了体现其权利与震慑力，把皇宫乃至皇城修建为方正的对称式，如长安、故宫、北京城。对称往往给人一种庄严肃穆的感觉，有一种震慑作用，唯我独尊、皇权至上的思想被表现得淋漓尽

致。人是属于自然的，长期居住在这种环境中，难免会身心疲惫，于是需要精神上的回归，自然山水风景浓缩式园林应运而生。中国的园林充分体现了人与自然和谐统一的思想。颐和园、苏州园林乃经典中的经典。

欧洲的园林大致有三大流派：法国式、意大利式和英国式。法国园林以几何形构图，中轴线明显，多在平地展开；而意大利园林则依地形作多层台地；

英国园林对天然的草地、树林和池沼略加修整，园林极具艺术品格，又同原野融为一体。

欧洲大陆皇权受教权的影响颇深，某些国家皇权受制，加之启蒙思想、理性主义的影响，贵族精英们把无力在城市里实现的理想放在自家的花园中实践。此外，纯粹自然的风景对他们来说是与文明相对的野蛮状态。园林和建筑被编织在条理清晰、

秩序严谨和主从分明的几何网格之中。法国古典园林在勒·诺特尔的设计中得到最辉煌的体现，沃勒维贡特府邸、凡尔赛宫和枫丹白露宫是其园林设计的代表作品。

中国古代官僚的私家园林大多表现与世无争和退隐自然的情趣，因而这种园林更像是自然的浓缩。而意大利的园林则是真山实水，建筑依山傍水，层次分明。

英国的园林给人以宁静、淡泊之感，十分优雅。

中西方园林艺术各有其特点，并被传承至今，充分体现中西方传统、文化、思想、人文信仰、审美观念、道德情操的不同之处。

建筑奇迹——佛罗伦萨百花圣母大教堂

公元13世纪时，佛罗伦萨已发展成为一座繁华富裕的城市，佛罗伦萨人崇尚自由，热衷政治和艺术，文化修养深厚。这座城市自视颇高，一心想要兴建一座"更美、更荣耀的神的圣殿"，于是大教堂于1296年奠基，取名为"百花圣母大教堂"，"百花"是佛罗伦萨的市花百合花，而圣母当然是敬献给圣母玛利亚。佛罗伦萨为了这项空前浩大的工程，拆除了大半原有建筑，甚至刻意降低了大教堂南边大道的路面高度，使大教堂看起来更显巍峨。

1347年秋天，爆发的黑死病使全城4/5的人口在一年中相继死亡，迫使工程不得不暂时中断。几年后，恢复生气的佛罗伦萨开始加速进行大教堂工程。

雄心勃勃的佛罗伦萨人，1367年由全体居民投票通过，竟然想在教堂中殿的十字交叉点上，盖一座直径为43.7米，高50米的八角形圆顶！这在当年谈何容易！如此又重又大的圆顶，应该如何支撑？圆顶本身又如何制造？如此多的材料，怎样才能运送到那么高的地方？在高空如何作业？如此多的问题，在当时根本没有参考对象，也没有解决这些问题的科技知识，佛罗伦萨人疯了！

这一拖就是半个世纪，1418年，佛罗伦萨政府公开悬赏能够设计并建造大圆顶的方案，竞争成功者将获得200枚百花金币的奖励。这是一笔大数目，吸引了众多应征者，其中有一个叫布鲁内列斯基的人，他是佛罗伦萨本地人，自小在百花圣母大教堂附近长大，时时看着施工的景象，圆顶未能完工的事深入脑海。15岁时他在一家金匠工厂当学徒，学会了雕刻和机械，很早就展现出建筑方面的天才。1402年，他24岁，与对手吉伯提竞争圣乔凡尼洗礼堂大门浮雕评比，不幸落败，失望之余便转往罗马，潜心研究建筑长达10余年。

他回到佛罗伦萨老家参加竞争设计方案时，已经41岁了。这时他懂得了透视法和勘探的知识，准备得非常充分。12名应征者中，最后和他一起脱颖而出

的，竟然还是当年竞争洗礼堂大门的对手吉伯提！布鲁内列斯基提出的方案，最惊人之处在于施工时不使用拱鹰架，但在建造拱顶时，必须先使用拱鹰架这种圆拱木架，再在上面建圆顶，待圆顶牢固后，再进行拆除。然而布鲁内列斯基的方案，实在过于大胆，没有人敢相信真的可行。但政府又感觉他的设计非常独特，于是方案被搁置起来，谁也没有拿到奖金。

两年过去了，天才的佛罗伦萨政府决定采用布鲁内列斯基的方案，并任命他为百花圣母大教堂的总设计师。1420年，拖延了半个世纪的圆顶工程开工了！

布鲁内列斯基既熟悉理论和实践，又富有创造力。发明了"牛吊车"，实际上就是可以反转的升降机。还发明了可以横向移动重物的起重机，并设计了多种安全设施，以降低高空施工的危险性。在建筑方面，最奇妙的创举是内厚外薄的两层圆顶，运用了鱼骨结构和同心圆原理。而圆顶中央的顶塔，既可防止圆顶张力过大开裂，又解决了采光的问题，实在是妙不可言！

经过16年的努力，大教堂圆顶完工了。佛罗伦萨人百年的梦想终于得以实现，人人欣喜若狂。1436年3月25日，正逢天使报喜日，盛大的献堂典礼举行。教皇尤金尼四世率领37位主教及佛罗伦萨政府官员随行。

无论在佛罗伦萨哪个角落，一抬头，就能看见百花圣母大教堂的红色大圆顶。500多年来，这座圣殿始终是佛罗伦萨人的精神支柱。这座集合全城之力，费时100多年，由一位天才建筑师以惊人的创造发明，完成了设计与艺术结合的建筑奇迹。

佛罗伦萨城市不大，但满脑袋奇思异想的佛罗伦萨人，但丁、乔托、达·芬奇、米开朗琪罗、布鲁内列斯基和他们的百花圣母大教堂，让佛罗伦萨成为文艺复兴的起源地，从而流芳百世！

意大利比萨斜塔

其实斜塔是比萨大教堂的钟楼。意大利中世纪宗教建筑通常由主教堂、洗礼堂和钟塔组成，而比萨建筑群再加上外形简洁的大公墓，便构成了这片"奇迹之园"。

当时比萨实力强大，比萨人为了炫耀自己的财富和武力，选在城市北方古城墙高地上断断续续花了近300年修建了比萨大教堂。整座教堂汇集伊斯兰风格、罗马风格和哥特式细部装饰特点，建筑的美跨越了宗教界限，体现了意大利人的设计理念。

大教堂东侧的钟塔，就是举世闻名的比萨斜塔。当时设计的是垂直的钟塔，但由于阿尔诺河带来的大量泥沙，钟塔地基松软，所以建到

第三层时，就开始倾斜了。当时比萨人认为这是"不祥的预兆"，历任建筑师都无法阻止其继续倾斜，停工百年后，1272年起，人们只好从第四层起开始逐步修正其倾斜角度。到1370年完成时，塔高54.5米，而屋顶中心点已偏离底层圆心5.4米。

我们会问，为何当初不推翻原计划，另选址建一座新塔？桀骜的比萨人会告诉你，如此一来，就等于自认失败！

于是历经180年，世界著名建筑奇迹、意大利的象征之一和地心引力相抗衡，1987年被列为世界遗产、每天吸引成千上万游人的比萨斜塔诞生了。于是也就有了伽利略的"钟摆原理""两个铁球同时落地"和今天人类科技所取得的成就！

法国沙特尔大教堂

　　沙特尔大教堂位于法国巴黎西南70千米处，高155米，面积为5940平方米，西正门宽47.5米。从公元8～12世纪，沙特尔教堂屡次遭遇火灾。1020年9月大火后，在福尔贝主教的领导下，有木屋顶的仿罗马式大教堂在原址迅速建立起来。不幸的是，1194年7月大火又起，不但再度使教堂变成废墟，连镇上的民宅也几乎烧毁殆尽。惨重的灾情让沙特尔人悲痛欲绝，失去勇气，打算迁离伤心地。正当人们准备离开时，奇迹发生了！一名神父从废墟中找到了丝毫未损的圣母的头巾！大家顿时转悲为喜。沙特尔人于是深信：灾难是上帝的惩罚，也是对信心的磨砺。

　　重建大教堂的时间用了26年。神职人员捐出3年俸禄，居民、商会也尽其所能，不论贵族平民一起肩扛手拖运送材料。数千人默默工作，即使在休息时也很少交谈，只能听见轻声的祈祷声。正是在沙特尔人的齐心努力下，一座举世闻名的哥特式大教堂得以巍然耸立！其后法国大革命血雨腥风，但沙特尔大教堂却丝毫未损，在法国人民的心中，它神圣无比，地位非凡！

俄罗斯的"地下宫殿"和"露天建筑博物馆"

莫斯科地铁是1966年前通车的，目前总里程已超过250千米，成为市内公交的主力。地铁既是交通动脉，又是颇具艺术价值的地下宫殿，尤其是建于斯大林时期的候车厅，个个都是采用贵重的天然石料单独设计，并使用独特的照明灯具，饰以名师高手创作的大量雕塑和彩绘，豪华昂贵，成本可观。地铁内的阿尔巴特站装饰高贵典雅，令乘客恍若进入华丽的皇家客厅；马雅可夫斯基站犹如这位大诗人的纪念厅，用高强度不锈钢筑成轻巧的列拱，地面铺白色大理石，用红色大理石镶边，中间有一条紫红色大理石通道纵贯候车厅，就像长长的红地毯。候车厅尽头是诗人的半身像。

赫鲁晓夫时期为了迅速解决市郊新住宅区的交通问题，使用统一设计、廉价材料和标准构件，快速、大量增建地铁，很少采用美术装饰，略显单调呆板。

20世纪70年代至今修建的候车厅，吸取了前两个时期的合理思路，既重视经济实用，也讲究艺术效果。候车厅单独设计，但尽量采用标准构件，适当点缀雕塑和壁画。地铁毕竟是现代建筑，更能反映

俄罗斯旧时民间建筑风貌的，还是19世纪留下的木建筑。莫斯科以东近200千米的古城苏兹达利有一座"露天木建筑博物馆"，由各地移来的10余座19世纪典型的农村木屋构成，地主、富农、中农、贫农的住房，以及乡村教堂，一应俱全。俄罗斯50%以上的国土被森林覆盖，春天地面翻浆时，村路上铺的是木板，农舍围墙是木版，墙旁堆的燃料是劈柴，连教堂屋顶的鱼鳞状瓦片也是木头的。贫农和富农的房子，区别无非是大小和陈设。

　　直到今天，俄罗斯农村木屋依然保持着老祖宗留下的结构和风格。进门是穿堂，随后是厨房，用炉炕同正房隔开，一人多高的炉炕顶上有一个双人床大小的地方，是爷爷奶奶的"卧室"。哪怕在夏季，俄国老人也喜欢用热炕烤烤老骨头。正房最明亮的一角为供奉耶稣像的"红角"，十月革命后改挂列宁像，一侧是长条桌和长条宽板凳，这是全家人吃饭的地方；另一侧是木床，就算"主卧"了，旁边是保存全家衣服和细软的大木箱，孩子们睡偏屋。这种全木结构的农舍冬暖夏凉，即使年久失修，东倒西歪，也不会顷刻倒塌。

俄罗斯不同时期的"领导楼"

对于本国建筑，俄罗斯人的精辟概括是：沙皇时代最宏伟的建筑是教堂——体现神权；苏联时期最壮丽的建筑是政府办公楼——体现政权；今天最漂亮的建筑是银行——体现财权。

最能反映斯大林统治时期建筑特点的莫过于莫斯科的7栋尖顶高层塔楼——莫斯科大学、外交部、交通部、乌克兰饭店、彼得格勒饭店、起义广场上的"高知楼"和锅炉广场上的"艺术家楼"。

卫国战争的胜利极大地激发了苏联人的雄心壮志，他们意欲通过"凝固的旋律"——建筑来加以体现。不论是校舍、机关，还是旅社、住宅，外墙都贴

着白色大理石，明快大方，门厅内挂枝形吊灯，富丽堂皇；外观大同小异，两侧或四角的配楼较矮，中央的主楼高耸，顶部是细细的塔尖，这种建筑风格充分体现出当时中央集权和振兴强国的思想，被今人戏称为"斯大林楼"。

赫鲁晓夫急功近利，为迅速解决苏联的住房问题，盖了大量小开间、无电梯的四五层楼，被今人戏称为"赫鲁破楼"。目前其单位面积售价不到"斯大林楼"的一半，面临"危改"和拆迁的命运。

赫鲁晓夫的继任者勃列日涅夫留下了"经互会"大楼（现为市政府办公楼）、"白宫"（现为联邦政府大厦）、奥运村和国际贸易中心等标志性建筑。

叶利钦留下的标志建筑就是救世主基督大教堂、闲置了近40年的练马厅广场上新修的景观公园和地下商业餐饮综合设施，以及几家垄断企业和大银行的豪华写字楼。但是无论时代怎么变化，领导人如何更迭，俄罗斯的建筑永远都具有其独特的风格和魅力，端庄稳重，气势磅礴，与它的民族性格相称。

东西方金字塔大比拼

众所周知，作为古代埃及法老王的陵墓，巨大的石砌金字塔建造于公元前2500～2700年，在公元前便已闻名地中海，据统计，保存至今的有100多座。其中最为著名的是胡夫金字塔，它保持世界最高建筑的纪录近4000年。到了公元15世纪末，当哥伦布及其随从第一次踏上美洲这块古老又神奇的大陆时，他们发现这里的热带丛林中隐藏着成千上万座金字塔。据统计，从公元前10世纪到公元15世纪，古代美洲的各个民族相继兴建了10万多座金字塔，这个数字颇为惊人。

而在中国，同样存在着类似的金字塔形陵墓，这就是位于吉林省集安市的高句丽陵墓群，在群山环绕的洞沟平原，遍布着高句丽建国700多年间遗留下来的墓葬，数量达1万多座。在整个墓群中最为雄伟壮观的便是高句丽的王陵以及显臣之墓，它们均是"金字塔"形的巨石墓，现存有400座。"将军坟"是其中保存最为完好的一座，整座陵墓底部同样为近正方形，每边长约32米，用1100多块精琢的花岗岩条石垒砌，高约13米。在坟的顶端，四边的石条上留有排列整齐的圆洞，墓顶的积土中有板瓦、莲纹瓦当和铁链一类构件，可以看出是亭阁建筑的遗迹。据考证，将军坟很可能是高句丽第二十代王长寿王的陵墓，建于公元4世纪末到5世纪初。1961年，将军坟与洞沟平原的其他古墓群一起被国务院公布为第一批全国重点文物保护单位。2004年，将军坟被联合国教科文组织列入《世界遗产名录》。

埃及人、玛雅人或是高句丽民族是如何在科技水平低下的时代创造出如此卓越的建筑？隐藏其中的谜团还有待科学家们的进一步探索。

奇妙的音乐建筑

音乐是生活的润滑剂。研究发现，音乐尽管只是几个不同音符形成的组合，但总能使声波在35dB左右有规律地振荡，由此产生的能量传入人体后，能调节体内环境，增进新陈代谢。音乐还可以稳定人的情绪，消除人的心理紧张状态，使人精力充沛，更好地工作和学习。

为了更好地给人以艺术享受，音乐家和建筑师联手合作，设计和建造了一些奇妙的建筑物。

音乐桥

在日本爱知县的丰田市，有一座引人注目的音乐桥。它是由一名中学生设计，经过有关专家的修改建造的。

整座桥的长和宽分别为31米和2.5米，两边的护栏很讲究，装有109块不同规格的音响栏板，有趣的是，过桥的人只要用手敲打一边的栏板，就可以听到悦耳的法国名曲《桥上》，在返回时敲击另一边的栏板，便能听到优美的日本民歌《故乡》。

音乐亭

法国巴黎市郊有一片风景如画的园林，吸引着络绎不绝的人们前来度假。特别是一座精致的音乐亭更是引人入胜。

走进亭子里的人用脚踩在地面上的不同部位时，美妙的音乐便会响起，令人陶醉，倘若游人能按照一定的曲调，有规律地踏踩亭内地面不同的部位，就能演奏出自己想要的旋律。

音乐塔

在匈牙利堤索河畔的索尔诺克市，耸立着一座高高的音乐塔，建筑部门的能工巧匠别出心裁，在塔顶精心安装了数种管乐器。

每当有风吹过，动听的乐声就会从管乐器里发出，就好像有一支"乐队"在上面演奏。

音乐墙

一提起法国的马赛，人们都知道市内有一堵闻名遐迩的音乐墙，它是科学和音乐巧妙结合的产物，通过电脑奏出乐曲。由于电脑内存储了大量的音符和乐章，因此组成了一个令人叹为观止的作曲系统。

墙内电脑能根据行人经过墙前所做出的各种动作而合成不同的乐曲声，或气势磅礴，或优雅细腻，或粗犷豪放，真是美不胜收，令人回味无穷。

音乐楼梯

在印度首都新德里，有一座漂亮的七层大厦，里面的楼梯与众不同，能发出奇妙的音乐声。

原来，建筑师在设计和进料时，专门挑选了那些敲打时可发出乐声而且共鸣性能极好的花岗石板来做楼梯。由于精心设计，每段楼梯都有各自固定的音阶和音调，因此人们在上下楼梯时，被踩踏的楼梯便会乐声不断，十分好听。

世界奇趣建筑

"八"字形大厦——威尔逊大厦

威尔逊大厦建于1971～1974年，高16层，中间呈梯形，两边楼体远看就如同一个汉字"八"。它位于美国伊利诺伊州芝加哥市的郊外，周围包含大片的森林、草坪、湖泊和牧场，环境非常优美。大楼造型前卫，它实际上是美国最大的高能物理实验室——费米实验室的行政大楼。费米实验室也是世界上仅次于欧洲粒子物理研究所的第二大实验室，这里经常进行各种稀奇古怪的实验，可以满足约1500名科学家的工作需求。实验室的创始人罗伯特·威尔逊相信：一个研究型实验室应该是学术界和国际文化的中心，大楼美丽的外形和内部同样美丽的粒子物理设施深深地吸引着物理学家们。

机器人大楼

即位于泰国首都曼谷的亚洲银行大楼，建于1985年。它的外形酷似一个白色的机器人，有一双圆圆的"大眼睛"，顶楼的避雷针则像极了"机器人"的两根天线，这个酷似机器人的外观被不少人认为是现代社会中银行的象征。

裂开两半的博物馆

当你第一眼看到这栋三层高的粉色建筑时，准会以为这里刚刚发生了一场

大地震。大楼外墙一条条碗口粗的裂缝清晰可见，白色的墙柱七歪八扭；大门的中央位置从顶楼往下甚至被劈成了两半，一个巨大的地球仪就那么摇摇欲坠地嵌在裂缝中，仿佛随时都会砸下来……不用担心，这并非真的危楼，而是位于美国奥兰多市的"里普利信不信由你"博物馆。

博物馆建于1998年，外形故意模仿楼身遭遇地震后发生断裂的样子，目的是为了纪念发生在1812年的一次大地震。博物馆的创建者是美国卡通作家里普利，他将自己环游世界所收集到的稀奇古怪的物品放到馆内陈列展示，这些收藏品如同建筑大楼一样，往往令人不可思议。

屋顶触地135°的角楼

这栋奇特的房子没有正式的名字，其墙体与地面成135°角，所以玫瑰色的屋顶有一边是触地的，屋顶上还有一个浅黄色的可爱的小烟囱，整体造型具有令游客感到迷惑的视觉效果。

会跳舞的房子

捷克首都布拉格最受争议的后现代结构主义建筑之一，坐落在沃尔塔瓦河畔。1992年，由美国建筑师法兰克·格里和捷克建筑师米卢尼奇共同设计，于1995年完成。

房子造型充满曲线韵律，蜿蜒扭转的双塔就像是两个人在相拥而舞，因此被称为"会跳舞的房子"——左边是玻璃帷幔外观的"女舞者"，上窄下宽像舞裙的样子，右边圆柱状的则是"男舞者"，所以又有人以著名的双人舞者金姬·罗杰斯及弗雷德·阿斯泰尔将大楼命名为"金姬和弗雷德"，两栋建筑物像极了他们舞影婆娑的样子。

这栋新潮的办公建筑刚好位于二战期间遭美军误以为是德国的德雷斯顿而惨遭炸毁的原址上，业主是荷兰的保险公司，房子顶楼是布拉格有名的法式餐厅——布拉格的珍珠。从餐厅顶楼可以远眺皇宫和大教堂，夜幕低垂时，皇宫的灯光和河上流动的灯影暧昧相约，道不尽恋恋风情。

然而，这栋建筑从规划到完成却是贬多于褒，尤其是设计者法兰克·格里曾被称为"外星人美国建筑师"，常因为漠视当地风土环境，只一味移植美国经验而遭人诟病。捷克人就戏称街角那个玻璃曲线塔为"被扭曲的可口可乐瓶"，大部分人甚至认为这栋房子是美国继二战后在欧洲投下的第二颗炸弹，是一个破坏城市纹理的象征。

醉态可掬的扭曲房子

它位于波兰索波特市，是一家生意兴隆的购物中心的附属建筑，已成为当地著名的旅游景点。它建于2004年，楼身呈扭曲的褶皱形，就像一栋喝醉酒后醉态可掬的卡通房子。这栋房子之所以会这样扭来扭去，主要是因为设计者参照了杰·马辛·赛瑟及皮尔·达赫尔博格这两名画家的画作，尽情发挥的创意。房子的用色也是夸张而鲜明，夺目的蔚蓝、跳跃的鲜绿、暖暖的浅黄……五颜六色的玻璃及各种装饰都给人留下了深刻的印象。由于房子的外观如此俏皮奇特，索柏市市长杰克·简奴斯基于是将其命名为"扭曲的房子"。

底朝天倒着盖的摩天大楼

这栋摩天大楼位于美国佛罗里达州，远远望去，整个欧式建筑看上去像是底朝天倒了个个儿——屋顶在下，地基在上，歪倒在另一栋低矮建筑物上，门前几棵棕榈树是倒着长的，连大门的招牌"Wonder Works"（奇迹工作楼）也是倒着写的，为了营造摇摇欲坠的效果，房子还会发出"吱吱呀呀"仿佛老旧木门开合断裂的声音。大楼里面是一个声光互动博物馆，有大约100个古怪的互动展览，参观者可以自己设计过山车，然后再亲自试坐，还可以体会地震、飓风等自然灾害的真实效果。